广西农机化技术推广工作手册

广西壮族自治区农业机械化技术推广总站　组织编写

陈世凡　主　编

中国农业科学技术出版社

图书在版编目(CIP)数据

广西农机化技术推广工作手册 / 陈世凡主编. —北京 ：中国农业科学技术出版社，2014.7

ISBN 978-7-5116-1724-8

Ⅰ. ①广… Ⅱ. ①陈… Ⅲ. ①农业机械化—技术推广—广西—手册 Ⅳ. ①S232.9-62

中国版本图书馆 CIP 数据核字(2014)第 138254 号

责任编辑 崔改泵
责任校对 贾晓红

出 版 者 中国农业科学技术出版社
北京市中关村南大街 12 号 邮编:100081
电 话 (010)82109194(编辑室) (010)82109702(发行部)
(010)82109709(读者服务部)
传 真 (010)82106650
网 址 http://www.castp.cn
经 销 者 各地新华书店
印 刷 者 北京富泰印刷有限责任公司
开 本 710×1 000 1/16
印 张 17.25
字 数 266 千字
版 次 2014 年 7 月第 1 版 2014 年 7 月第 1 次印刷
定 价 28.00 元

编　委　会

目 录

一、法律法规

(一)国家法律法规

中华人民共和国农业机械化促进法

中华人民共和国主席令第十六号

《中华人民共和国农业机械化促进法》已由中华人民共和国第十届全国人民代表大会常务委员会第十次会议于 2004 年 6 月 25 日通过,现予公布,自 2004 年 11 月 1 日起施行。

中华人民共和国主席　胡锦涛

2004 年 6 月 25 日

第一章　总则

第一条　为了鼓励、扶持农民和农业生产经营组织使用先进适用的农业机械,促进农业机械化,建设现代农业,制定本法。

第二条　本法所称农业机械化,是指运用先进适用的农业机械装备农业,改善农业生产经营条件,不断提高农业的生产技术水平和经济效益、生态效益的过程。

本法所称农业机械,是指用于农业生产及其产品初加工等相关农事活动的机械、设备。

第三条　县级以上人民政府应当把推进农业机械化纳入国民经济和社会发展计划,采取财政支持和实施国家规定的税收优惠政策以及金融扶持等措施,逐步提高对农业机械化的资金投入,充分发挥市场机制的作用,按照因地制宜、经济有效、保障安全、保护环境的原则,促进农业机械化的发展。

第四条　国家引导、支持农民和农业生产经营组织自主选择先进适用的农业机械。任何单位和个人不得强迫农民和农业生产经营组织购买其指定的农业机械产品。

第五条　国家采取措施,开展农业机械化科技知识的宣传和教育,培养农业机械化专业人才,推进农业机械化信息服务,提高农业机械化水平。

第六条　国务院农业行政主管部门和其他负责农业机械化有关工作的部门,按照各自的职责分工,密切配合,共同做好农业机械化促进工作。

县级以上地方人民政府主管农业机械化工作的部门和其他有关部门,按照各自的职责分工,密切配合,共同做好本行政区域的农业机械化促进工作。

第二章　科研开发

第七条　省级以上人民政府及其有关部门应当组织有关单位采取技术攻关、试验、示范等措施，促进基础性、关键性、公益性农业机械科学研究和先进适用的农业机械的推广应用。

第八条　国家支持有关科研机构和院校加强农业机械化科学技术研究，根据不同的农业生产条件和农民需求，研究开发先进适用的农业机械；支持农业机械科研、教学与生产、推广相结合，促进农业机械与农业生产技术的发展要求相适应。

第九条　国家支持农业机械生产者开发先进适用的农业机械，采用先进技术、先进工艺和先进材料，提高农业机械产品的质量和技术水平，降低生产成本，提供系列化、标准化、多功能和质量优良、节约能源、价格合理的农业机械产品。

第十条　国家支持引进、利用先进的农业机械、关键零配件和技术，鼓励引进外资从事农业机械的研究、开发、生产和经营。

第三章　质量保障

第十一条　国家加强农业机械化标准体系建设，制定和完善农业机械产品质量、维修质量和作业质量等标准。对农业机械产品涉及人身安全、农产品质量安全和环境保护的技术要求，应当按照有关法律、行政法规的规定制定强制执行的技术规范。

第十二条　产品质量监督部门应当依法组织对农业机械产品质量的监督抽查。

工商行政管理部门应当依法加强对农业机械产品市场的监督管理工作。

国务院农业行政主管部门和省级人民政府主管农业机械化工作的部门根据农业机械使用者的投诉情况和农业生产的实际需要，可以组织对在用的特定种类农业机械产品的适用性、安全性、可靠性和售后服务状况进行调查，并公布调查结果。

第十三条　农业机械生产者、销售者应当对其生产、销售的农业机械产品质量负责，并按照国家有关规定承担零配件供应和培训等售后服务责任。

农业机械生产者应当按照国家标准、行业标准和保障人身安全的要求，在其生产的农业机械产品上设置必要的安全防护装置、警示标志和中文警示说明。

第十四条 农业机械产品不符合质量要求的，农业机械生产者、销售者应当负责修理、更换、退货；给农业机械使用者造成农业生产损失或者其他损失的，应当依法赔偿损失。农业机械使用者有权要求农业机械销售者先予赔偿。农业机械销售者赔偿后，属于农业机械生产者的责任的，农业机械销售者有权向农业机械生产者追偿。

因农业机械存在缺陷造成人身伤害、财产损失的，农业机械生产者、销售者应当依法赔偿损失。

第十五条 列入依法必须经过认证的产品目录的农业机械产品，未经认证并标注认证标志的，禁止出厂、销售和进口。

禁止生产、销售不符合国家技术规范强制性要求的农业机械产品。

禁止利用残次零配件和报废机具的部件拼装农业机械产品。

第四章 推广使用

第十六条 国家支持向农民和农业生产经营组织推广先进适用的农业机械产品。推广农业机械产品，应当适应当地农业发展的需要，并依照农业技术推广法的规定，在推广地区经过试验证明具有先进性和适用性。

农业机械生产者或者销售者，可以委托农业机械试验鉴定机构，对其定型生产或者销售的农业机械产品进行适用性、安全性和可靠性检测，作出技术评价。农业机械试验鉴定机构应当公布具有适用性、安全性和可靠性的农业机械产品的检测结果，为农民和农业生产经营组织选购先进适用的农业机械提供信息。

第十七条 县级以上人民政府可以根据实际情况，在不同的农业区域建立农业机械化示范基地，并鼓励农业机械生产者、经营者等建立农业机械示范点，引导农民和农业生产经营组织使用先进适用的农业机械。

第十八条 国务院农业行政主管部门会同国务院财政部门、经济综合宏观调控部门，根据促进农业结构调整、保护自然资源与生态环境、推广农业新技术与加快农机具更新的原则，确定、公布国家支持推广的先进适用的农业机械产品目录，并定期调整。省级人民政府主管农业机械化工作的部门会同同级财政部门、经济综合宏观调控部门根据上述原则，确定、公布省级人民政府支持推广的先进适用的农业机械产品目录，并定期调整。

列入前款目录的产品，应当由农业机械生产者自愿提出申请，并通过农业机械试验鉴定机构进行的先进性、适用性、安全性和可靠性鉴定。

第十九条 国家鼓励和支持农民合作使用农业机械，提高农业机械利用率和作业效率，降低作业成本。

国家支持和保护农民在坚持家庭承包经营的基础上，自愿组织区域化、标准化种植，提高农业机械的作业水平。任何单位和个人不得以区域化、标准化种植为借口，侵犯农民的土地承包经营权。

第二十条 国务院农业行政主管部门和县级以上地方人民政府主管农业机械化工作的部门，应当按照安全生产、预防为主的方针，加强对农业机械安全使用的宣传、教育和管理。

农业机械使用者作业时，应当按照安全操作规程操作农业机械，在有危险的部位和作业现场设置防护装置或者警示标志。

第五章 社会化服务

第二十一条 农民、农业机械作业组织可以按照双方自愿、平等协商的原则，为本地或者外地的农民和农业生产经营组织提供各项有偿农业机械作业服务。有偿农业机械作业应当符合国家或者地方规定的农业机械作业质量标准。

国家鼓励跨行政区域开展农业机械作业服务。各级人民政府及其有关部门应当支持农业机械跨行政区域作业，维护作业秩序，提供便利和服务，并依法实施安全监督管理。

第二十二条 各级人民政府应当采取措施，鼓励和扶持发展多种形式的农业机械服务组织，推进农业机械化信息网络建设，完善农业机械化服务体系。农业机械服务组织应当根据农民、农业生产经营组织的需求，提供农业机械示范推广、实用技术培训、维修、信息、中介等社会化服务。

第二十三条 国家设立的基层农业机械技术推广机构应当以试验示范基地为依托，为农民和农业生产经营组织无偿提供公益性农业机械技术的推广、培训等服务。

第二十四条 从事农业机械维修，应当具备与维修业务相适应的仪器、设备和具有农业机械维修职业技能的技术人员，保证维修质量。维修质量不合格的，维修者应当免费重新修理；造成人身伤害或者财产损失的，维修者应当依法承担赔偿责任。

第二十五条 农业机械生产者、经营者、维修者可以依照法律、行政法规的规定，自愿成立行业协会，实行行业自律，为会员提供服务，维护会员的合法权益。

第六章 扶持措施

第二十六条 国家采取措施，鼓励和支持农业机械生产者增加新产品、新技术、新工艺的研究开发投入，并对农业机械的科研开发和制造实施税收优惠政策。

中央和地方财政预算安排的科技开发资金应当对农业机械工业的技术创新给予支持。

第二十七条 中央财政、省级财政应当分别安排专项资金，对农民和农业生产经营组织购买国家支持推广的先进适用的农业机械给予补贴。补贴资金的使用应当遵循公开、公正、及时、有效的原则，可以向农民和农业生产经营组织发放，也可以采用贴息方式支持金融机构向农民和农业生产经营组织购买先进适用的农业机械提供贷款。具体办法由国务院规定。

第二十八条 从事农业机械生产作业服务的收入，按照国家规定给予税收优惠。

国家根据农业和农村经济发展的需要，对农业机械的农业生产作业用燃油安排财政补贴。燃油补贴应当向直接从事农业机械作业的农民和农业生产经营组织发放。具体办法由国务院规定。

第二十九条 地方各级人民政府应当采取措施加强农村机耕道路等农业机械化基础设施的建设和维护，为农业机械化创造条件。

县级以上地方人民政府主管农业机械化工作的部门应当建立农业机械化信息搜集、整理、发布制度，为农民和农业生产经营组织免费提供信息服务。

第七章 法律责任

第三十条 违反本法第十五条规定的，依照产品质量法的有关规定予以处罚；构成犯罪的，依法追究刑事责任。

第三十一条 农业机械驾驶、操作人员违反国家规定的安全操作规程，违章作业的，责令改正，依照有关法律、行政法规的规定予以处罚；构成犯罪的，依法追究刑事责任。

第三十二条 农业机械试验鉴定机构在鉴定工作中不按照规定为农

业机械生产者、销售者进行鉴定，或者伪造鉴定结果、出具虚假证明，给农业机械使用者造成损失的，依法承担赔偿责任。

第三十三条 国务院农业行政主管部门和县级以上地方人民政府主管农业机械化工作的部门违反本法规定，强制或者变相强制农业机械生产者、销售者对其生产、销售的农业机械产品进行鉴定的，由上级主管机关或者监察机关责令限期改正，并对直接负责的主管人员和其他直接责任人员给予行政处分。

第三十四条 违反本法第二十七条、第二十八条规定，截留、挪用有关补贴资金的，由上级主管机关责令限期归还被截留、挪用的资金，没收非法所得，并由上级主管机关、监察机关或者所在单位对直接负责的主管人员和其他直接责任人员给予行政处分；构成犯罪的，依法追究刑事责任。

第八章 附则

第三十五条 本法自2004年11月1日起施行。

中华人民共和国农业技术推广法

中华人民共和国主席令

第60号

《全国人民代表大会常务委员会关于修改〈中华人民共和国农业技术推广法〉的决定》已由中华人民共和国第十一届全国人民代表大会常务委员会第28次会议于2012年8月31日通过，现予公布，自2013年1月1日起施行。

中华人民共和国主席　胡锦涛

2012年8月31日

第一章　总则

第一条　为了加强农业技术推广工作，促使农业科研成果和实用技术尽快应用于农业生产，增强科技支撑保障能力，促进农业和农村经济可持续发展，实现农业现代化，制定本法。

第二条　本法所称农业技术，是指应用于种植业、林业、畜牧业、渔业的科研成果和实用技术，包括：

（一）良种繁育、栽培、肥料施用和养殖技术；

（二）植物病虫害、动物疫病和其他有害生物防治技术；

（三）农产品收获、加工、包装、贮藏、运输技术；

（四）农业投入品安全使用、农产品质量安全技术；

（五）农田水利、农村供排水、土壤改良与水土保持技术；

（六）农业机械化、农用航空、农业气象和农业信息技术；

（七）农业防灾减灾、农业资源与农业生态安全和农村能源开发利用技术；

（八）其他农业技术。

本法所称农业技术推广，是指通过试验、示范、培训、指导以及咨询服务等，把农业技术普及应用于农业产前、产中、产后全过程的活动。

第三条　国家扶持农业技术推广事业，加快农业技术的普及应用，发展高产、优质、高效、生态、安全农业。

第四条　农业技术推广应当遵循下列原则：

（一）有利于农业、农村经济可持续发展和增加农民收入；

（二）尊重农业劳动者和农业生产经营组织的意愿；

（三）因地制宜，经过试验、示范；

（四）公益性推广与经营性推广分类管理；

（五）兼顾经济效益、社会效益，注重生态效益。

第五条 国家鼓励和支持科技人员开发、推广应用先进的农业技术，鼓励和支持农业劳动者和农业生产经营组织应用先进的农业技术。

国家鼓励运用现代信息技术等先进传播手段，普及农业科学技术知识，创新农业技术推广方式方法，提高推广效率。

第六条 国家鼓励和支持引进国外先进的农业技术，促进农业技术推广的国际合作与交流。

第七条 各级人民政府应当加强对农业技术推广工作的领导，组织有关部门和单位采取措施，提高农业技术推广服务水平，促进农业技术推广事业的发展。

第八条 对在农业技术推广工作中做出贡献的单位和个人，给予奖励。

第九条 国务院农业、林业、水利等部门（以下统称农业技术推广部门）按照各自的职责，负责全国范围内有关的农业技术推广工作。县级以上地方各级人民政府农业技术推广部门在同级人民政府的领导下，按照各自的职责，负责本行政区域内有关的农业技术推广工作。同级人民政府科学技术部门对农业技术推广工作进行指导。同级人民政府其他有关部门按照各自的职责，负责农业技术推广的有关工作。

第二章 农业技术推广体系

第十条 农业技术推广，实行国家农业技术推广机构与农业科研单位、有关学校、农民专业合作社、涉农企业、群众性科技组织、农民技术人员等相结合的推广体系。

国家鼓励和支持供销合作社、其他企业事业单位、社会团体以及社会各界的科技人员，开展农业技术推广服务。

第十一条 各级国家农业技术推广机构属于公共服务机构，履行下列公益性职责：

（一）各级人民政府确定的关键农业技术的引进、试验、示范；

（二）植物病虫害、动物疫病及农业灾害的监测、预报和预防；

（三）农产品生产过程中的检验、检测、监测咨询技术服务；

（四）农业资源、森林资源、农业生态安全和农业投入品使用的监测服务；

（五）水资源管理、防汛抗旱和农田水利建设技术服务；

（六）农业公共信息和农业技术宣传教育、培训服务；

（七）法律、法规规定的其他职责。

第十二条 根据科学合理、集中力量的原则以及县域农业特色、森林资源、水系和水利设施分布等情况，因地制宜设置县、乡镇或者区域国家农业技术推广机构。

乡镇国家农业技术推广机构，可以实行县级人民政府农业技术推广部门管理为主或者乡镇人民政府管理为主、县级人民政府农业技术推广部门业务指导的体制，具体由省、自治区、直辖市人民政府确定。

第十三条 国家农业技术推广机构的人员编制应当根据所服务区域的种养规模、服务范围和工作任务等合理确定，保证公益性职责的履行。

国家农业技术推广机构的岗位设置应当以专业技术岗位为主。乡镇国家农业技术推广机构的岗位应当全部为专业技术岗位，县级国家农业技术推广机构的专业技术岗位不得低于机构岗位总量的80%，其他国家农业技术推广机构的专业技术岗位不得低于机构岗位总量的70%。

第十四条 国家农业技术推广机构的专业技术人员应当具有相应的专业技术水平，符合岗位职责要求。

国家农业技术推广机构聘用的新进专业技术人员，应当具有大专以上有关专业学历，并通过县级以上人民政府有关部门组织的专业技术水平考核。自治县、民族乡和国家确定的连片特困地区，经省、自治区、直辖市人民政府有关部门批准，可以聘用具有中专有关专业学历的人员或者其他具有相应专业技术水平的人员。

国家鼓励和支持高等学校毕业生和科技人员到基层从事农业技术推广工作。各级人民政府应当采取措施，吸引人才，充实和加强基层农业技术推广队伍。

第十五条 国家鼓励和支持村农业技术服务站点和农民技术人员开展农业技术推广。对农民技术人员协助开展公益性农业技术推广活动，按照规定给予补助。

农民技术人员经考核符合条件的，可以按照有关规定授予相应的技术职称，并发给证书。

国家农业技术推广机构应当加强对村农业技术服务站点和农民技术人员的指导。

村民委员会和村集体经济组织，应当推动、帮助村农业技术服务站点和农民技术人员开展工作。

第十六条 农业科研单位和有关学校应当适应农村经济建设发展的需要，开展农业技术开发和推广工作，加快先进技术在农业生产中的普及应用。

农业科研单位和有关学校应当将其科技人员从事农业技术推广工作的实绩作为工作考核和职称评定的重要内容。

第十七条 国家鼓励农场、林场、牧场、渔场、水利工程管理单位面向社会开展农业技术推广服务。

第十八条 国家鼓励和支持发展农村专业技术协会等群众性科技组织，发挥其在农业技术推广中的作用。

第三章 农业技术的推广与应用

第十九条 重大农业技术的推广应当列入国家和地方相关发展规划、计划，由农业技术推广部门会同科学技术等相关部门按照各自的职责，相互配合，组织实施。

第二十条 农业科研单位和有关学校应当把农业生产中需要解决的技术问题列为研究课题，其科研成果可以通过有关农业技术推广单位进行推广或者直接向农业劳动者和农业生产经营组织推广。

国家引导农业科研单位和有关学校开展公益性农业技术推广服务。

第二十一条 向农业劳动者和农业生产经营组织推广的农业技术，必须在推广地区经过试验证明具有先进性、适用性和安全性。

第二十二条 国家鼓励和支持农业劳动者和农业生产经营组织参与农业技术推广。

农业劳动者和农业生产经营组织在生产中应用先进的农业技术，有关部门和单位应当在技术培训、资金、物资和销售等方面给予扶持。

农业劳动者和农业生产经营组织根据自愿的原则应用农业技术，任何单位或者个人不得强迫。

推广农业技术，应当选择有条件的农户、区域或者工程项目，进行应用示范。

第二十三条 县、乡镇国家农业技术推广机构应当组织农业劳动者学习农业科学技术知识，提高其应用农业技术的能力。

教育、人力资源和社会保障、农业、林业、水利、科学技术等部门应当支持农业科研单位、有关学校开展有关农业技术推广的职业技术教育和技术培训，提高农业技术推广人员和农业劳动者的技术素质。

国家鼓励社会力量开展农业技术培训。

第二十四条 各级国家农业技术推广机构应当认真履行本法第十一条规定的公益性职责，向农业劳动者和农业生产经营组织推广农业技术，实行无偿服务。

国家农业技术推广机构以外的单位及科技人员以技术转让、技术服务、技术承包、技术咨询和技术入股等形式提供农业技术的，可以实行有偿服务，其合法收入和植物新品种、农业技术专利等知识产权受法律保护。进行农业技术转让、技术服务、技术承包、技术咨询和技术入股，当事人各方应当订立合同，约定各自的权利和义务。

第二十五条 国家鼓励和支持农民专业合作社、涉农企业，采取多种形式，为农民应用先进农业技术提供有关的技术服务。

第二十六条 国家鼓励和支持以大宗农产品和优势特色农产品生产为重点的农业示范区建设，发挥示范区对农业技术推广的引领作用，促进农业产业化发展和现代农业建设。

第二十七条 各级人民政府可以采取购买服务等方式，引导社会力量参与公益性农业技术推广服务。

第四章 农业技术推广的保障措施

第二十八条 国家逐步提高对农业技术推广的投入。各级人民政府在财政预算内应当保障用于农业技术推广的资金，并按规定使该资金逐年增长。

各级人民政府通过财政拨款以及从农业发展基金中提取一定比例的资金的渠道，筹集农业技术推广专项资金，用于实施农业技术推广项目。中央财政对重大农业技术推广给予补助。

县、乡镇国家农业技术推广机构的工作经费根据当地服务规模和绩效确定，由各级财政共同承担。

任何单位或者个人不得截留或者挪用用于农业技术推广的资金。

第二十九条 各级人民政府应当采取措施，保障和改善县、乡镇国家农业技术推广机构的专业技术人员的工作条件、生活条件和待遇，并按照国家规定给予补贴，保持国家农业技术推广队伍的稳定。

对在县、乡镇、村从事农业技术推广工作的专业技术人员的职称评定，应当以考核其推广工作的业务技术水平和实绩为主。

第三十条 各级人民政府应当采取措施，保障国家农业技术推广机构获得必需的试验示范场所、办公场所、推广和培训设施设备等工作条件。

地方各级人民政府应当保障国家农业技术推广机构的试验示范场所、生产资料和其他财产不受侵害。

第三十一条 农业技术推广部门和县级以上国家农业技术推广机构，应当有计划地对农业技术推广人员进行技术培训，组织专业进修，使其不断更新知识、提高业务水平。

第三十二条 县级以上农业技术推广部门、乡镇人民政府应当对其管理的国家农业技术推广机构履行公益性职责的情况进行监督、考评。

各级农业技术推广部门和国家农业技术推广机构，应当建立国家农业技术推广机构的专业技术人员工作责任制度和考评制度。

县级人民政府农业技术推广部门管理为主的乡镇国家农业技术推广机构的人员，其业务考核、岗位聘用以及晋升，应当充分听取所服务区域的乡镇人民政府和服务对象的意见。

乡镇人民政府管理为主、县级人民政府农业技术推广部门业务指导的乡镇国家农业技术推广机构的人员，其业务考核、岗位聘用以及晋升，应当充分听取所在地的县级人民政府农业技术推广部门和服务对象的意见。

第三十三条 从事农业技术推广服务的，可以享受国家规定的税收、信贷等方面的优惠。

第五章 法律责任

第三十四条 各级人民政府有关部门及其工作人员未依照本法规定履行职责的，对直接负责的主管人员和其他直接责任人员依法给予处分。

第三十五条 国家农业技术推广机构及其工作人员未依照本法规定履行职责的，由主管机关责令限期改正，通报批评；对直接负责的主管人员和其他直接责任人员依法给予处分。

第三十六条 违反本法规定，向农业劳动者、农业生产经营组织推广未经试验证明具有先进性、适用性或者安全性的农业技术，造成损失的，应当承担赔偿责任。

第三十七条 违反本法规定，强迫农业劳动者、农业生产经营组织应用农业技术，造成损失的，依法承担赔偿责任。

第三十八条 违反本法规定，截留或者挪用用于农业技术推广的资金的，对直接负责的主管人员和其他直接责任人员依法给予处分；构成犯罪的，依法追究刑事责任。

第六章 附则

第三十九条 本法自公布之日起施行。

国家支持推广的农业机械产品目录管理办法

（2005年8月1日起正式实施）

第一章 总 则

第一条 为促进先进适用农业机械的推广使用，保护农业机械使用者、生产者和经营者的合法权益，根据《中华人民共和国农业机械化促进法》制定本办法。

第二条 农业部会同财政部和国家发展和改革委员会，根据促进农业结构调整、保护自然资源与生态环境、推广农业新技术和优化农机装备结构的原则，确定、公布《国家支持推广的农业机械产品目录》（以下简称《目录》），并定期进行调整。

第三条 适于全国推广的农机产品列入《目录》。省级农业机械化行政主管部门会同财政和经济综合宏观调控部门，参照《目录》，结合本地农业生产和农机化发展的需要对《目录》进行必要的调整补充，形成省级人民政府支持推广的农业机械产品目录。

第四条 列入《目录》的农机产品应当符合国家颁布的相关标准和行业技术规范，通过农业机械试验鉴定机构的试验鉴定。

第五条 列入《目录》的产品，可以按照有关规定，享受国家促进农业机械化的财政补贴、金融扶持等优惠政策支持。

第六条 《目录》的制定、公布和调整，应当公开、公正、科学、高效，接受社会的监督。

第二章 目录的内容和形式

第七条 《目录》每三年公布一次，期间如有调整，按年度以农业部公告的形式公布。

第八条 列入《目录》中的农业机械分成农用动力、耕耘和整地、种植和施肥、田间管理和植保、收获、脱粒清选烘干和贮存、农产品初加工、排灌、畜牧、其他机械等十类。

第九条 列入《目录》中的产品信息应包括产品名称、牌号、型号，主要性能指标、适用范围以及生产企业名称、地址和联系方式等内容。

第三章 目录的提出与审定

第十条 生产企业每年9月30日前自愿向注册地所属或一个主销省(区、市)的省级农业机械化行政主管部门提出产品列入《目录》的申请,并提供以下资料:

①申报书;②营业执照复印件;③农业机械试验鉴定证书及鉴定报告复印件。

第十一条 农业部在中国农业信息网、中国农业机械化信息网上公告各省(区、市)负责受理申请的农业机械化行政主管部门或其委托受理机构的名称、地址、联系电话、邮编、联系人等情况。

第十二条 各省、自治区、直辖市农业机械化行政主管部门根据企业的申报,对申报材料的真实性、有效性进行审核,并审议产品推广应用和投诉情况后,对企业申报的产品逐个提出是否推荐的建议,于每年10月20日前将企业申报材料连同各省(区、市)农业机械化行政主管部门的意见上报农业部。

第十三条 农业部委托农业部农业机械试验鉴定总站会同农业部农业机械化技术开发推广总站,对各省(区、市)上报的产品进行汇总和初审,于每年11月20日前提出《目录》草案或调整建议。

初审的主要内容为:①申报材料是否符合要求,特别是农业机械试验鉴定证书是否真实有效;②是否有集中的产品质量和售后服务等方面的投诉;③产品推广应用范围是否适当等。

第十四条 农业部组织专家组,对《目录》草案或调整建议进行综合审议,于11月底前形成《目录》或调整建议公示稿。审议的主要内容是:

①产品的先进性;②产品的适用性及范围;③产品的安全性和可靠性;④产品的生产、销售情况及价格;⑤其他相关情况。

第十五条 《目录》审查专家组由农业机械管理、生产、推广、鉴定、科研、销售等方面的专家和农业专家组成。

第十六条 农业部通过中国农业信息网、中国农业机械化信息网对《目录》或调整建议公示稿进行公示,时间为10个工作日。

第十七条 农业部整理公示结果,对其中争议较大,社会反映问题较多的企业或产品,进行调查核实,对《目录》或调整建议做必要的修改后,送财政部和国家发展和改革委员会会签。

第四章　目录的公布与调整

第十八条　《目录》由农业部会同财政部和国家发展和改革委员会于三年期前一年的12月底联合公布。农业部在征求财政部和国家发展和改革委员会意见后，于三年期间每年的12月底公布《目录》调整公告。《目录》和调整公告以文本形式公布，并在三个部委网站上予以公开。

第十九条　《目录》的调整包括增补、变更和取消等情形。

第二十条　《目录》公布后，依企业申请按本办法规定增补产品。

第二十一条　列入《目录》产品的商标、企业名称、地址等产品相关信息发生改变的，其生产企业应当凭相关证明文件向农业机械试验鉴定证书发放单位申请变更后再申请《目录》变更。

第二十二条　列入《目录》的产品有下列情形之一的，予以取消：

(一)在国家产品质量监督抽查或市场质量监督检查中不合格的；

(二)在省级以上农业机械化行政主管部门组织的质量调查中发现企业有生产条件改变、产品存在严重质量问题或质量隐患、不履行服务承诺等情形的；

(三)经省级以上消费者协会和农机产品质量投诉监督机构报告，有在使用中出现重大质量事故，使用者集中投诉率高等情形的；

(四)违反相关法律、法规的。

第二十三条　列入《目录》的产品，因质量问题出现人身伤亡事故，或试验鉴定证书失效的，由农业部调查核实后立即通告取消。

第五章　罚　则

第二十四条　农业部和各省、自治区、直辖市农业机械化行政主管部门组织对列入《目录》的产品实施检查，发现与《目录》不符的，责令整改，属于本办法第二十二条所列情形的，取消列入《目录》的资格。

第二十五条　伪造、假冒《目录》产品的，由县级以上农业机械化行政主管部门责令其停止违规行为，依法追究相关责任。

第二十六条　从事农机试验鉴定、《目录》审查及检查监督等工作的人员徇私舞弊、滥用职权、玩忽职守的，依法给予行政处分。给农业机械生产者、使用者造成损失的，依法承担赔偿责任。

第六章　附　则

第二十七条　本办法由农业部会同财政部和国家发展和改革委员会联合发布，由农业部负责解释。

第二十八条　本办法自公布之日起实施。

第二十九条　各省、自治区、直辖市可依照本办法，制定省级人民政府支持推广的农业机械产品目录管理办法。

国家科技成果鉴定办法

（1994年10月26日国家科委发布）

第一章 总 则

第一条 为了加强科学技术成果（以下简称科技成果）鉴定工作的管理，正确判别科技成果的质量和水平，促进科技成果的完善和科技水平的提高，加速科技成果推广应用，根据《中华人民共和国科学技术进步法》，制定本办法。

第二条 科技成果鉴定是指有关科技行政管理机关聘请同行专家，按照规定的形式和程序，对科技成果进行审查和评价，并作出相应的结论。

第三条 科技成果鉴定工作应当坚持实事求是、科学民主、客观公正、注重质量、讲求实效的原则，保证科技成果鉴定工作的严肃性和科学性。

第四条 科技成果鉴定是评价科技成果质量和水平的方法之一，国家鼓励科技成果通过市场竞争，以及学术上的百家争鸣等多种方式得到评价和认可。

第五条 国家科学技术委员会（以下简称国家科委）归口管理、指导和监督全国的科技成果鉴定工作。省、自治区、直辖市科学技术委员会归口管理、监督本地区的科技成果鉴定工作。国务院各有关部门负责管理、监督本部门的科技成果鉴定工作。如何提高科技项目成功转化，企事业国家计划科技项目申报如何操作，就到中国科技成果转化项目申报网。

第二章 鉴定范围

第六条 列入国家和省、自治区、直辖市以及国务院有关部门科技计划（以下简称科技计划）内的应用技术成果，以及少数科技计划外的重大应用技术成果，按照本办法进行鉴定。科技计划内的基础性研究、软科学研究等其他科技成果的验收和评价方法，由国家科委另行规定。

第七条 下列科技成果不组织鉴定：

（一）基础理论研究成果；

（二）软科学研究成果；

（三）已申请专利的应用技术成果；

（四）已转让实施的应用技术成果；

（五）企业、事业单位自行开发的一般应用技术成果；

（六）国家法律、法规规定，必须经过法定的专门机构审查确认的科技成果。

第八条 违反国家法律、法规规定，对社会公共利益或者环境和资源造成危害的项目，不受理鉴定申请。正在进行鉴定的，应当停止鉴定，已经通过鉴定的，应当撤销。

第三章 鉴定组织

第九条 鉴定由国家科委或者省、自治区、直辖市科学技术委员会以及国务院有关部门的科技成果管理机构（以下简称组织鉴定单位）负责组织。必要时可以授权省级人民政府有关主管部门组织鉴定，或者委托有关单位（以下简称主持鉴定单位）主持鉴定。

第十条 组织鉴定单位和主持鉴定单位可以根据科技成果的特点选择下列鉴定形式：

（一）检测鉴定：指由专业技术检测机构通过检验、测试性能指标等方式，对科技成果进行评价。

（二）会议鉴定：指由同行专家采用会议形式对科技成果作出评价。需要进行现场考察、测试，并经过讨论答辩才能作出评价的科技成果，可以采用会议鉴定形式。

（三）函审鉴定：指同行专家通过书面审查有关技术资料，对科技成果作出评价。不需要进行现场考察、测试和答辩即可作出评价的科技成果，可以采用函审鉴定形式。

第十一条 采用检测鉴定时，由组织鉴定单位或者主持鉴定单位指定经过省、自治区、直辖市或者国务院有关部门认定的专业技术检测机构进行检验、测试。专业技术检测机构出具的检测报告是检测鉴定的主要依据。必要时，组织鉴定单位或者主持鉴定单位可以会同检测机构聘请3～5名同行专家，成立检测鉴定专家小组，提出综合评价意见。

第十二条 采用会议鉴定时，由组织鉴定单位或者主持鉴定单位聘请同行专家7～15人组成鉴定委员会。鉴定委员会到会专家不得少于应聘专家的4/5，鉴定结论必须经鉴定委员会专家2/3以上多数或者到会专家的3/4以上多数通过。

第十三条 采用函审鉴定时，由组织鉴定单位或者主持鉴定单位聘请同行专家5～9人组成函审组。提出函审意见的专家不得少于应聘专家的

4/5,鉴定结论必须依据函审组专家3/4以上多数的意见形成。

第十四条 组织鉴定单位或者主持鉴定单位聘请的同行专家应当具备下列条件:

(一)具有高级技术职务(特殊情况下可聘请不多于1/4的具有中级技术职务的中青年科技骨干);

(二)对被鉴定科技成果所属专业有较丰富的理论知识和实践经验,熟悉国内外该领域技术发展的状况;

(三)具有良好的科学道德和职业道德。

被鉴定科技成果的完成单位、任务下达单位或者委托单位的人员不得作为同行专家参加对该成果的鉴定。公安、安全、国防等特殊部门确因保密需要的,可以另行规定。

非特殊情况,组织鉴定单位和主持鉴定单位一般不聘请非专业人员担任鉴定委员会、检测专家小组或者函审组成员。

第十五条 参加鉴定工作的专家在鉴定工作中应当对被鉴定的科技成果进行全面认真的技术评价,并对所提出的评价意见负责。参加鉴定工作的专家应当保守被鉴定科技成果的技术秘密。

第十六条 参加鉴定工作的专家在鉴定工作中享有下列权利:

(一)独立对被鉴定的科技成果进行评价,不受任何单位和个人的干涉;

(二)要求科技成果完成单位或者个人提供充分、翔实的技术资料(包括必要的原始资料),向科技成果完成单位或者个人提出质疑并要求作出解释,要求复核试验或者测试结果;

(三)充分发表个人意见,要求在鉴定结论中记载不同意见,可以拒绝在鉴定结论上签字;

(四)要求排除影响鉴定工作正常进行的干扰,必要时可以向组织鉴定单位和主持鉴定单位提出中止鉴定的请求。

第四章 鉴定程序

第十七条 需要鉴定的科技成果,由科技成果完成单位或者个人根据任务来源或者隶属关系,向其主管机关申请鉴定。隶属关系不明确的,科技成果完成单位或者个人可以向其所在地区的省、自治区、直辖市科学技术委员会申请鉴定。

第十八条 申请科技成果鉴定，应当符合本办法第六条的规定，并具备下列条件：

（一）已完成合同的约定或者计划任务书规定的任务要求；

（二）不存在科技成果完成单位或者人员名次排列异议和权属方面的争议；

（三）技术资料齐全，并符合档案管理部门的要求；

（四）有经国家科委或者省、自治区、直辖市科学技术委员会或者国务院有关部门认定的科技信息机构出具的查新结论报告。

第十九条 组织鉴定单位应当在收到鉴定申请之日起 30 天内，明确是否受理鉴定申请，并作出答复。对符合鉴定条件的，应当批准并通知申请鉴定单位。对不符合鉴定条件的，不予受理。对特别重大的科技成果，受理申请的科技成果管理机构可以报请上一级科技成果管理机构组织鉴定。

第二十条 参加鉴定工作的专家，由组织鉴定单位从国家科委或者本省、自治区、直辖市科学技术委员会、国务院有关部门的科技成果鉴定评审专家库中遴选，申请鉴定单位不得自行推荐和聘请。

第二十一条 组织鉴定单位或者主持鉴定单位应当在确定的鉴定日期前 10 天，将被鉴定科技成果的技术资料送达承担鉴定任务的专家。

第二十二条 参加鉴定工作的专家，在收到技术资料后，应当认真进行审查，并准备鉴定意见。

第二十三条 科技成果鉴定的主要内容是：

（一）是否完成合同或计划任务书要求的指标；

（二）技术资料是否齐全完整，并符合规定；

（三）应用技术成果的创造性、先进性和成熟程度；

（四）应用技术成果的应用价值及推广的条件和前景；

（五）存在的问题及改进意见。

第二十四条 鉴定结论不写明“存在问题”和“改进意见”的，应退回重新鉴定，予以补正。

第二十五条 组织鉴定单位和主持鉴定单位应当对鉴定结论进行审核，并签署具体意见。鉴定结论不符合本办法有关规定的，组织鉴定单位或者主持鉴定单位应当及时指出，并责成鉴定委员会或者检测机构、函审组改正。

第二十六条 经鉴定通过的科技成果，由组织鉴定单位颁发《科学技术成果鉴定证书》。

第二十七条 科技成果鉴定的文件、材料，分别由组织鉴定单位和申请鉴定单位按照科技档案管理部门的规定归档。

第五章 鉴定管理

第二十八条 参加科技成果鉴定工作的有关人员，应当严格遵守科学道德和职业道德规范，抵制各种不正之风对鉴定工作的干扰，保证科技成果鉴定的严肃性和科学性。

第二十九条 科技成果完成者在申请鉴定过程中，应当据实提供必要的技术资料，包括真实的实验记录、国内外技术发展的背景材料，以及引用他人成果或者结论的参考文献等。科技成果完成者不得以任何名目和理由向参加鉴定的有关人员赠送礼金（含有价券）和礼物。

第三十条 参加鉴定工作的专家应当对被鉴定的科技成果进行实事求是的评价，评价结论应当科学、客观、准确。

第三十一条 组织鉴定单位和主持鉴定单位应当严格控制鉴定会的规模，除参加鉴定工作的专家和少数必要的管理人员外，不得邀请其他人员参加。组织鉴定单位和主持鉴定单位对在科技成果鉴定中出现的不正之风，应当及时制止并严肃查处。

第三十二条 国家科委对正在进行或者已经完成的科技成果鉴定，发现确有错误的，有权责令有关省、自治区、直辖市科学技术委员会，或者国务院有关部门及时纠正；错误严重而又处理不当的，有权组织复核和查处。

第三十三条 各省、自治区、直辖市科学技术委员会和国务院有关部门，对正在进行或者已经完成的科技成果鉴定，发现确有错误的，有权责令其授权组织鉴定的机关及时纠正；错误严重的，可以直接进行查处。

第三十四条 对参加鉴定工作的专家，组织鉴定单位可酌情发给技术咨询费。

第六章 法律责任

第三十五条 完成科技成果的单位或者个人窃取他人的科技成果的，或者在鉴定过程中徇私舞弊、弄虚作假的，一经查实，组织鉴定单位应当中止鉴定。已经完成鉴定的，应当予以撤销。已经给国家、社会造成损失的，由其所在单位或者上级主管机关给予直接责任人员行政处分。

第三十六条 组织鉴定单位或者主持鉴定单位的工作人员在鉴定工作中玩忽职守、以权谋私、收受贿赂的，由其所在单位或者上级主管机关给予行政处分。

第三十七条 参加鉴定工作的专家玩忽职守，故意作出虚假结论，造成不良后果的，由其所在单位或者上级主管机关给予行政处分，并取消其承担鉴定任务的资格。

第三十八条 参加鉴定的有关人员，未经完成科技成果的单位或者个人同意，擅自披露、使用或者向他人提供和转让被鉴定科技成果的关键技术的，应当依据有关法规，追究其法律责任；给科技成果完成单位或者个人造成损失的，应当赔偿损失。涉及国家秘密技术的，依照《中华人民共和国保守国家秘密法》和科学技术保密的有关规定处理。

第七章 附 则

第三十九条 本办法由国家科委解释。

第四十条 本办法自 1995 年 1 月 1 日起施行，1987 年 10 月 26 日国家科委发布的《中华人民共和国国家科学技术委员会科学技术成果鉴定办法》同时废止。

全国农牧渔业丰收奖奖励办法

农业部关于印发《全国农牧渔业丰收奖奖励办法》的通知

农科教发[2010]3号

各省、自治区、直辖市农业(农牧)、农机、畜牧、兽医、农垦、渔业厅(委、局),新疆生产建设兵团农业局,各农业科学院、农业大学,部属有关单位:

为使全国农牧渔业丰收奖奖励工作更好地适应现阶段农业发展的新要求,我部对2001年颁布的《全国农牧渔业丰收奖奖励办法》进行了修订。现将新修订的《全国农牧渔业丰收奖奖励办法》印发给你们,请遵照执行。

二〇一〇年九月十四日

第一章　总　则

第一条　为做好全国农牧渔业丰收奖奖励工作,调动广大农业科技人员的积极性和创造性,加快农业科技成果转化和应用,促进科教兴农和现代农业发展,根据《中华人民共和国农业技术推广法》和国家有关规定,制定本办法。

第二条　全国农牧渔业丰收奖(以下简称丰收奖)是农业部设立的农业技术推广奖,用于奖励在农业技术推广活动中做出突出贡献的集体和个人,包括下列奖项:

(一)农业技术推广成果奖;

(二)农业技术推广贡献奖;

(三)农业技术推广合作奖。

丰收奖每三年开展一次。

第三条　农业部设立全国农牧渔业丰收奖奖励委员会(以下简称奖励委员会),其主要职责是:

(一)拟订丰收奖奖励政策;

(二)指导和监督丰收奖评审工作;

(三)审核丰收奖拟获奖项目、人员及等级。

奖励委员会下设办公室(以下简称奖励办公室),负责丰收奖的评审组织和日常管理工作。奖励办公室设在农业部科技教育司。

第二章　奖励范围和数量

第四条　农业技术推广成果奖奖励取得显著经济、社会和生态效益的农业技术推广项目，设一、二、三等奖，其中一等奖约占15%，二等奖约占40%，三等奖约占45%，每次奖励不超过400项。

第五条 农业技术推广贡献奖奖励长期在农业生产一线从事技术推广或直接从事农业科技示范工作，并做出突出贡献的农业技术推广人员和农业科技示范户，每次奖励不超过500人，其中基层农业技术推广人员占70%以上。

第六条 农业技术推广合作奖奖励在农业技术推广活动中做出重要贡献的农科教、产学研、相关组织等合作团队，每次奖励不超过20个。

第三章 评审标准

第七条 农业技术推广成果奖

（一）一等奖

1. 主要技术经济指标居国内领先水平；

2. 总体技术水平居国内领先，技术集成创新与转化能力很强，技术普及率很高；

3. 推广方法与机制有重大创新，组织管理水平国内领先；

4. 推进产业发展，经济效益、社会效益和生态效益巨大，农民增收很显著。

（二）二等奖

1. 主要技术经济指标居国内先进水平；

2. 总体技术水平国内先进，技术集成创新与转化能力强，技术普及率高；

3. 推广方法与机制有较大创新，组织管理水平国内先进；

4. 推进产业发展，经济效益、社会效益和生态效益重大，农民增收显著。

（三）三等奖

1. 主要技术经济指标居省（自治区、直辖市）内领先水平；

2. 总体技术水平省（自治区、直辖市）内领先，技术集成创新与转化能力较强，技术普及率较高；

3. 推广方法与机制有一定创新，组织管理水平省（自治区、直辖市）内领先；

4. 推进产业发展，经济效益、社会效益和生态效益较大，农民增收较显著。

第八条 农业技术推广贡献奖

（一）基层农业技术推广人员具备以下5项条件中的任意3项，科教单位及地市级以上推广部门人员具备以下5项条件，可入选农业技术推广贡献奖：

1.为服务区引进推广重大农业技术3项以上（其中，近5年来不少于1项），推广普及率达到50%以上，项目区增产或增收10%以上；

2.获得地（市）级（含）以上的科技成果奖励、工作奖励2项以上（其中，近3年来不少于1项）；

3.在创新基层农技推广方式方法和服务机制、培育农业社会化服务组织、开发特色农业等方面业绩突出；

4.示范推广重大集成创新技术和技术发明，并取得显著经济、社会和生态效益；

5.参加省（部）级以上重大科技专项，并做出突出贡献。

（二）具备以下第1、第2项并具备第3、第4项之一的农业科技示范户可入选农业技术推广贡献奖：

1.采用新品种或新技术3项以上，经县级农业（科技）主管部门验收，产量（效益）居本县领先地位连续3年以上；

2.在划定的示范区域内带动同产业农户2/3以上，对推动农业产业化做出突出贡献；

3.近5年内，获得过县级（含）以上政府、产业（科技）部门或省级以上产业协会表彰奖励；

4.通过种养技术（品种）的自主改良，实现节本增效，经县级（含）以上有关部门认定具有重要推广价值。

第九条 农业技术推广合作奖

同时具备下列条件的合作团队可入选农业技术推广合作奖：

（一）连续多年合作开展农业技术推广工作，对农业生产做出显著贡献；

（二）具有明确的目标任务、长效的合作机制，形成具有重要推广价值的技术推广模式；

（三）带动基层农技推广能力明显提升，促进产业快速发展。

第四章 申报条件

第十条 申报农业技术推广成果奖，应当具备以下条件：

（一）近3年内通过有关部门组织验收或评价（鉴定）的推广成果；

（二）农产品质量符合地方、行业或国家标准；

（三）具有成果应用证明；

（四）推广或创新技术中的有关物化新成果必须符合有关规定；

（五）无重复报奖内容；

（六）成果无争议；

（七）知识产权明晰，无纠纷。

推广项目的核心技术获得植物新品种权、专利等知识产权的，优先申报。

第十一条 申报农业技术推广贡献奖，应当具备以下条件：

（一）具有高尚的职业道德和社会公德、过硬的业务素质和服务技能，遵纪守法，得到当地农民群众的广泛认可。

（二）基层农业技术推广人员须具备中专以上学历或取得三级以上农业职业技能鉴定证书，连续从事基层农业技术推广工作15年以上，或连续在乡镇（含区片）站从事农技推广工作10年以上，常年有2/3以上的工作时间在生产一线从事技术推广，近10年来无重大技术事故或连带责任。

（三）科教单位及地市级以上推广部门人员须连续从事农业技术推广工作10年以上，常年有1/2以上的工作时间在生产一线从事技术推广，无技术事故或连带责任。

（四）农业科技示范户须具备初中以上学历，获得有关农民技术培训证书；被当地农业部门连续确定为科技示范户5年以上，生产规模达到当地中等以上，在当地发挥重要农业科技示范带动作用。

已经获得农业技术推广贡献奖的人员不再申报。

第十二条 申报农业技术推广合作奖，应当具备以下条件：

（一）两个系统以上的单位在基层紧密合作开展农业技术推广活动；

（二）合作成果得到当地政府和农民的认可；

（三）连续合作3年以上。

第五章 主要完成人和单位

第十三条 农业技术推广成果奖主要完成人

（一）一、二、三等奖项目主要完成人最多25人；

（二）主要完成人必须是参加本项目实际工作1/3以上时间，对项目的设计、技术集成创新、示范推广、技术咨询、培训和开发等方面做出重大贡献者；

（三）主要完成人中县及县以下基层技术人员比例不得低于70%，乡镇农技人员和农民技术员所占比例不少于总人数的30%；

（四）主要完成人按照贡献大小排序，填写主要完成人情况表，并由本人签名，所在单位盖章；

（五）主要完成人不能作为本项目的验收或评价（鉴定）小组成员。

第十四条 农业技术推广成果奖主要完成单位

（一）主要完成单位必须是在农业技术推广工作中做出突出贡献的单位，并且须具有法人资格；

（二）主要完成单位最多8个。

第十五条 农业技术推广合作奖主要完成人和单位

（一）每个合作单位主要完成人不超过10人，主要完成人总数不超过30人；

（二）主要合作单位不得少于3个。

第十六条 凡获得丰收奖个人荣誉证书的人员，均为丰收奖主要完成人。

行政机关、公务员不得作为丰收奖主要完成单位和主要完成人。

一个人不得同时作为丰收奖两个以上报奖项目的主要完成人。

第六章 农业技术推广成果奖技术评价和经济效益计算

第十七条 技术评价

（一）技术评价包含项目验收或成果评价（鉴定）。地方单位牵头完成的成果由所在省级行政主管部门组织验收或评价（鉴定）；部属单位牵头完成的成果由项目下达单位或农业部科技成果管理部门组织验收或评价（鉴定）。

（二）技术评价材料包括：项目工作和技术总结、经济效益计算、主要完成人员和主要完成单位情况表。

第十八条 经济效益计算

（一）报奖项目经济效益按奖励办公室规定的经济效益计算办法进行。

（二）经济效益计算需要填写主要参数，并注明使用价格，产量数据要注明统计部门和测产验收数据。

第七章 评审机构及职责

第十九条 由省、自治区、直辖市农业厅（委、局）牵头，会同农机、畜牧、兽医、农垦和渔业等部门组织成立丰收奖省级评审小组，负责本省丰收奖的申报、初评和推荐等工作。评审小组由农业科研、教学、推广、行政单位专家7～9人组成（其中行政管理人员不超过2人，并兼顾有关行业专家）。评审小组名单报奖励办公室备案。

部属单位申报的丰收奖由奖励办公室组织科研、推广和行政单位专家7～9人进行初评。

第二十条 奖励办公室成立专家组负责丰收奖评审工作，提出获奖人选、奖励种类及等级建议，报奖励委员会审核。

第八章 推荐和评审

第二十一条 农业技术推广成果奖初评

（一）省级评审小组根据下达的评奖指标和要求，组织开展申报和初评工作，初评结果报送奖励办公室。初评为一、二等奖的不排名次，三等奖的按名次排序。

（二）奖励办公室组织专家对部属单位报送的材料进行初评。初评为一、二等奖的不排名次，三等奖的按名次排序。

（三）申报农业技术推广成果奖须提供以下材料：

1.申报书；

2.主要完成人情况表；

3.项目工作总结、技术总结；

4.成果验收或评价（鉴定）证书；

5.县级以上农业或统计部门成果应用证明（项目实施区域3个县以上的，至少3个县提供证明；3个县以下的，每县提供证明）；

6.经济效益报告（含计算过程）；

7.项目合同书或计划任务书（或实施方案）。

第二十二条 农业技术推广贡献奖、农业技术推广合作奖推荐

（一）省级评审小组和农业部部属单位根据下达的推荐名额，组织推荐农业技术推广贡献奖候选人、农业技术推广合作奖候选团队。

(二)申报农业技术推广贡献奖须填写推荐表，按评审标准提供相应的证明材料。

(三)申报农业技术推广合作奖须提供以下材料：

1.申报书；

2.主要完成单位情况表；

3.主要完成人情况表；

4.工作总结；

5.相应的证明材料。

第二十三条 评审

(一)奖励办公室对初评项目和候选人、候选团队进行形式审查。对不符合规定的，要求申报和推荐单位在规定的时间内补正；逾期不补正或经补正仍不符合要求的，视为撤回。

(二)专家组对经形式审查合格的初评为一、二等奖的项目和候选人、候选团队进行评审，对初评为三等奖的项目进行复核。

(三)评审以无记名投票方式表决，评审结果须由到会评审专家的1/2以上通过。

第二十四条 评审结果经奖励委员会审核后由奖励办公室对评审结果进行公示。待异议处理完毕后，报主管部长批准。

第二十五条 农业部对获奖的单位和个人颁发奖状、奖励证书。

第九章 异议处理及获奖成果追踪

第二十六条 丰收奖实行异议制度。任何单位或者个人可在自评审结果公示之日起10个工作日内(以材料寄出邮戳时间为准)向奖励办公室提出书面异议，同时必须提供相关的证明材料。单位提出异议的，应在异议材料上加盖公章并注明联系方式；个人提出异议的，需写明工作单位和联系方式，签署真实姓名。逾期提出或者不符合要求的异议不予受理。

奖励等级不属于异议范围。

第二十七条 异议分为实质性异议和非实质性异议。凡因项目内容不实所提的异议为实质性异议；对主要完成人、主要完成单位及其排序的异议为非实质性异议。

第二十八条 实质性异议由奖励办公室负责处理，省级农业厅(委、局)协助调查并提出初步处理意见。处理程序如下：

（一）责成被异议方书面回复有关异议内容，陈述理由，并及时提供相关证明材料；必要时，省级农业厅（委、局）派人调查核实情况。

（二）省级农业厅（委、局）根据异议双方提交的材料或者根据调查核实的情况，形成初步处理意见，并通知异议双方，征求双方意见。

（三）若异议双方认同初步处理意见，应在异议处理书上签字；省级农业厅（委、局）将处理结果报奖励办公室备案，视为异议处理完毕。

（四）若异议方或被异议方对初步处理意见持不同意见，由省级农业厅（委、局）将异议材料报奖励办公室处理；必要时，奖励办公室组织有关专家调查核实情况，或者请异议双方到场答辩，形成处理意见，并将结果告知异议双方，视为异议处理完毕。

第二十九条 非实质性异议由省级农业厅（委、局）、部属单位处理。处理程序如下：

（一）责成被异议方书面答复有关异议内容；

（二）协调异议双方意见，必要时可聘请有关专家调查核实情况，形成处理意见；

（三）将处理意见及时通知异议双方，并报奖励办公室备案，视为异议处理完毕。

第三十条 异议自评审结果公示之日起20个工作日内未处理完毕的，取消其本次获奖资格；20个工作日以后处理完毕且无异议的，以后可重新申报。

第三十一条 农业部及省级农业厅（委、局）不定期对获奖项目、团队和个人进行检查。如发现有弄虚作假，即撤销其获奖资格，追回奖状、奖励证书，并通报批评。

第十章 附则

第三十二条 本办法自公布之日起实施，2001年11月16日农业部发布的《农牧渔业丰收奖奖励办法》（农科教发〔2001〕24号）同时废止。

全国农牧渔业丰收奖奖励办法实施细则

农业部办公厅关于印发《全国农牧渔业丰收奖奖励办法实施细则》的通知

农办科〔2013〕2号

各有关单位：

为进一步做好全国农牧渔业丰收奖（以下简称"丰收奖"）奖励工作，完善并细化丰收奖奖励办法，保证丰收奖的申报、推荐和评审质量，促进农业科技成果向现实生产力快速转化，根据《全国农牧渔业丰收奖奖励办法》，制定了《全国农牧渔业丰收奖奖励办法实施细则》，现予以印发，请遵照执行。

农业部办公厅

2013年1月7日

第一章　总　则

第一条　全国农牧渔业丰收奖（以下简称"丰收奖"）是农业部授予在基层农业技术推广一线做出创造性突出贡献的农业科技人员或组织的荣誉。为做好奖励工作，保证丰收奖的申报、推荐和评审质量，根据《全国农牧渔业丰收奖奖励办法》，制定本细则。

第二条　本细则适用于丰收奖的申报、推荐、评审、授奖等各项活动。

第三条　丰收奖奖励工作以科学发展观为指导，以促进农业科技成果向现实生产力转化为目标，以调动广大农业科技与推广人员的工作积极性为目的，鼓励农技推广人才扎根基层，服务生产一线，鼓励农业技术研究、教育、推广队伍团结协作、联合攻关，不断探索农技推广新模式，提高农技推广能力和效率。

第四条　丰收奖包括农业技术推广成果奖、贡献奖和合作奖三种奖项。成果奖设一、二、三等奖，贡献奖和合作奖不分设奖励等级。获奖人员在晋升职称、职务、评选先进时，成果奖一、二、三等奖分别按丰收奖一、二、三等奖对待，贡献奖和合作奖均按丰收奖一等奖对待。丰收奖每3年评一次。丰收奖的推荐、评审和授奖，遵循公开、公平、公正的原则，实行科学的评审制度。

第五条　凡获得丰收奖个人荣誉证书的人员，均为丰收奖主要完成人。行政机关、公务员不得作为丰收奖主要完成单位和主要完成人。在项目中仅从事组织管理和辅助服务的工作人员，不得作为丰收奖的主要完成人。同一人同一年度内不得同时作为丰收奖两个以上（含两个）报奖项目的主要完成人。

第六条 主要完成人不能作为本项目的验收或评价（鉴定）小组成员。丰收奖授奖证书不作为确定科学技术成果权属的直接依据。

第二章 组织管理

第七条 丰收奖奖励委员会（以下简称“奖励委员会”）是丰收奖的决策管理机构，设在农业部，负责制订丰收奖奖励政策，指导和监督丰收奖评审工作，审定丰收奖拟获奖项目、人员及等级。奖励委员会由农业部部领导、相关行业司局负责同志和有关农业科技专家组成。下设办公室（以下简称“奖励办公室”），奖励办公室设在农业部科技教育司，负责丰收奖的组织评审和日常管理工作以及农业部部属三院、有关部属事业单位申报丰收奖的初评工作。

第八条 丰收奖省级评审小组是丰收奖在地方的组织管理机构，由各省（区、市）农业厅（委、局）牵头成立，负责本省丰收奖的申报、初评和推荐工作。省级评审小组由本省从事农业科研、教学、推广以及行政管理的专家代表7～9人组成，其中行政管理专家不得超过2人，并兼顾行业和学科平衡。

第九条 丰收奖评审专家组是丰收奖的执行评审机构，由奖励办公室组建，负责对全国经过初评后推荐的丰收奖进行评审，并提出获奖项目及等级和人选、团队建议，报奖励委员会审核。

第三章 农业技术推广成果奖

第十条 奖励范围：国家、地方财政资助或个人、社团自行组织实施的农业技术推广项目。

第十一条 奖励数量：每次奖励不超过400项。设一、二、三等奖，其中一等奖约占15%，二等奖约占40%，三等奖约占45%。

第十二条 评审标准：

（一）一等奖

1. 主要技术经济指标居国内领先水平，与国内同类先进技术相比，其主要技术（性能、性状、工艺等）参数、经济（投入产出比、性能价格比、成本、规模、效益等）参数取得系列或者特别重大进步，引起该学科或者相关学科领域的突破性发展，为国内外同行所认可；

2. 总体技术水平居国内领先，技术集成创新与转化能力很强，技术普及率很高；

3. 推广方法与机制有重大创新，组织管理水平国内领先；

4. 推进产业发展，经济效益、社会效益和生态效益巨大，农民增收很显著。

（二）二等奖

1. 主要技术经济指标居国内先进水平，与国内同类技术相比，其主要技术（性能、性状、工艺等）参数、经济（投入产出比、性能价格比、成本、规模、效益等）参数取得显著进步，引起该学科或者相关学科领域的重大发展，为国内同行所认可；

2. 总体技术水平国内先进，技术集成创新与转化能力强，技术普及率高；

3. 推广方法与机制有较大创新，组织管理水平国内先进；

4. 推进产业发展，经济效益、社会效益和生态效益重大，农民增收显著。

（三）三等奖

1. 主要技术经济指标居省（自治区、直辖市）内领先水平，与省（自治区、直辖市）同类技术相比，其主要技术（性能、性状、工艺等）参数、经济（投入产出比、性能价格比、成本、规模、效益等）参数取得重大进步，推动了区域产业结构调整和优化升级，提高了企业和相关行业竞争能力，为本区域同行所认可；

2. 总体技术水平省（自治区、直辖市）内领先，技术集成创新与转化能力较强，技术普及率较高；

3. 推广方法与机制有一定创新，组织管理水平省（自治区、直辖市）内领先；

4. 推进产业发展，经济效益、社会效益和生态效益较大，农民增收较显著。

第十三条　申报条件：

（一）近3年内（以申报截止日期上溯3年）通过有关部门组织验收或评

价(鉴定)的推广成果。

(二)农产品质量符合地方、行业或国家标准,其中转基因动植物和微生物及其含有转基因成分的产品和加工品,须提交国务院农业行政主管部门颁发的转基因生物安全证书、生产许可证和省级农业行政主管部门颁发的相关生产、加工批准文件的彩色复印件。

(三)具有近3年的成果应用证明,内容主要包括成果名称、推广应用单位(盖章)、推广应用起止时间、近3年的经济效益(包括新增产值、新增利税和年增收节支总额,单位:万元)以及推广应用产生的社会和经济效益。

(四)推广或创新技术中的有关物化新成果必须符合下列规定:

1.技术发明成果应附有专利证书复印件。

2.动植物育种类成果应附有品种审定(鉴定)证书复印件;获得植物新品种权的,应附有品种权证书复印件。

3.肥料类(含生物肥料)、土壤调节剂应附有肥料登记证复印件。

4.农药(含生物农药)和植物生长调节剂应附有农药登记证复印件。

5.兽药(生物兽药)应附有新兽药注册证或生产许可证复印件。

6.饲料或饲料添加剂应附有生产许可证复印件。

7.保密成果应附有同级涉密管理机关出具的证明文件复印件。

(五)无重复报奖内容。已获得国家奖、部级奖的成果,不得再次申报丰收奖;获得过省级及以下奖励的成果可申报丰收奖。

(六)成果无争议。

(七)知识产权明晰,无纠纷。

推广项目的核心技术获得动植物新品种权、专利等知识产权的,优先申报。

第十四条 主要完成人和单位:

(一)主要完成人

1.不超过25人,按照贡献大小排序;

2.须参加本项目实际工作1/3以上时间,并对项目的设计、技术集成创新、示范推广、技术咨询、培训和开发等方面做出重大贡献;

3.县及县以下基层技术人员比例不得低于70%,乡镇农技人员和农民技术员所占比例不少于总人数的30%。

(二)主要完成单位

1. 不超过 8 个;

2. 具有法人资格,并在农业技术推广工作中做出突出贡献。

第十五条 申报材料:

(一)申报书。

(二)主要完成人情况表。

(三)项目工作总结、技术总结。

(四)成果验收或评价(鉴定)证书。地方单位牵头完成的成果须是项目下达单位组织或委托项目承担单位主管部门主持验收、评价(鉴定)的成果;自行组织推广的项目成果须是所在地市级以上行政主管部门组织验收、评价(鉴定)的成果。

(五)县级以上农业或统计部门成果应用证明(项目实施区域 3 个县以上的,至少 3 个县提供证明;3 个县以下的,每县提供证明)。

(六)经济效益报告。经济效益由申报单位自行计算,须填写主要参数,注明使用价格,并说明详细计算过程。产量数据、推广面积、市场价格等须标明统计部门名称,附有测产验收数据。

(七)项目合同书或计划任务书或实施方案。

第十六条 申报与评审程序:

(一)申报与评审工作须通过奖励办公室建立的"丰收奖管理信息系统"完成。

(二)省级评审小组根据奖励委员会下达的推荐名额和要求,组织开展本省申报和初评工作。申报单位在申报时,应对申报项目全部内容在本单位公告栏进行为期 3 天的公示。初评结果须在本省公示 7 天。如无异议,以正式文件报送奖励办公室;如有异议,须在奖励办公室规定的申报截止日期内对异议进行甄别处理后,无异议的方可推荐,逾期不得向奖励办公室推荐。初评为一、二等奖的不排序,三等奖排序。

(三)部属单位科技管理部门根据奖励委员会下达的推荐名额和要求,组织开展本单位申报工作,并以正式文件报送材料,奖励办公室组织专家对各单位进行初评。初评为一、二等奖的不排序,三等奖排序。

(四)奖励办公室对初评奖项进行形式审查。对不符合规定的,要求申报和推荐单位在规定的时间内补正;逾期不补正或经补正仍不符合要求的,视为撤回申报。

(五)奖励办公室组织召开评审会,由评审专家组对经形式审查合格的初评为一、二等奖的奖项进行评审,对初评为三等奖的奖项进行复核。具体评审办法:专家组对初评为一、二等奖的农业技术推广成果项目进行差额评审,未评选上一、二等奖的项目直接列入三等奖,且置顶排序,初评为三等奖的项目经专家组复核后进行末位淘汰。

(六)评审采用无记名投票方式,评审结果达到会评审专家的1/2以上方为通过。

第十七条 评审结果经奖励委员会审核后由奖励办公室对评审结果进行公示。最终结果由主管部长签发公布。

第十八条 农业部对获奖的单位和个人颁发奖状和奖励证书。证书内容主要包括项目名称、奖励等级、获奖者姓名、获奖者身份证号、获奖者单位名称等。

第四章 农业技术推广贡献奖

第十九条 奖励范围:长期在农业生产一线从事技术推广或直接从事农业科技示范工作,并做出突出贡献的农业技术推广人员和农业科技示范户。

第二十条 奖励数量:每次奖励不超过500人,其中县及县以下农业技术推广人员占70%以上,乡镇(或区域站)级农业技术推广人员占县及县以下农业技术推广人员总量的60%以上。

第二十一条 评审标准:

(一)科研、教学单位及地市级以上推广部门人员。

以下5条标准须同时具备。

1.为服务区引进推广重大农业技术3项(含)以上(其中,近5年来不少于1项),推广普及率达到50%以上,促进项目区增产或增收10%以上;

2.获得地(市)级(含)以上的科技成果奖励、工作奖励2项(含)以上(其中,近3年来不少于1项);

3.在创新基层农技推广方式方法和服务机制、培育农业社会化服务组织、开发特色农业等方面业绩突出;

4.示范推广重大集成创新技术和技术发明,并取得显著经济、社会和生态效益;

5.参加省(部)级以上重大科技专项,并做出突出贡献。

(二)县及县以下农业技术推广人员。

须具备上述5项评审标准中的任意3项。

(三)农业科技示范户。

须具备以下第1、第2项条件,并具备第3、第4项之一。

1.采用新品种或新技术3项(含)以上,经县级农业(科技)主管部门验收,产量(效益)居本县领先地位连续3年(含)以上;

2.在划定的示范区域内带动同产业农户2/3以上,对推动农业产业化做出突出贡献;

3.近5年内,获得过县级(含)以上政府、产业(科技)部门或省级以上产业协会表彰奖励;

4.通过种养技术(品种)的自主改良,实现节本增效,经县级以上(含县级)有关农业部门认定具有重要推广价值。

第二十二条 申报条件:

(一)科教单位及地市级以上推广部门人员。

1.具有高尚的职业道德和社会公德、过硬的业务素质和服务技能,遵纪守法,得到当地农民群众或行业的广泛认可;

2.须连续从事农业技术推广工作10年(含)以上,常年有1/2以上的工作时间在乡镇(含区片)站的生产一线从事技术推广,无技术事故或连带责任。

(二)县及县以下农业技术推广人员。

1.具有高尚的职业道德和社会公德、过硬的业务素质和服务技能,遵纪守法,得到当地农民群众的广泛认可;

2.须具备中专以上学历或取得三级以上农业职业技能鉴定证书,连续从事基层农业技术推广工作15年(含)以上,或连续在乡镇(含区片)站从事农业技术推广工作10年(含)以上,常年有2/3以上的工作时间在县及县以下的生产一线从事技术推广,近10年来无重大技术事故或连带责任。

(三)农业科技示范户。

1.具有高尚的社会公德、较高的技术示范水平和服务技能,遵纪守法,得到当地农民群众的广泛认可。

2.须具备初中以上学历,获得有关农民技术培训证书;被当地农业部门连续确定为科技示范户5年(含)以上,生产规模达到当地中等以上,在当地发挥重要农业科技示范带动作用。

曾经获得过农业技术推广贡献奖的人员不得申报。

第二十三条 申报材料:

(一)推荐表。

(二)基于评审标准的相关证明材料,具体要求如下。

1.科教单位及地市级以上推广部门人员

(1)连续从事农业技术推广工作10年(含)以上,常年有1/2以上的工作时间在生产一线从事技术推广的证明材料,由申报人所在单位出具。

(2)无技术事故或连带责任证明材料,由申报人所在单位出具;

(3)为服务区引进推广重大农业技术3项(含)以上,其中近5年来不少于1项的证明材料,由申报人所在服务区乡镇政府或县级农业行政主管部门出具;因引进推广重大农业技术而取得的显著经济、社会和生态效益证明材料,由申报人所在服务区的县级农业行政主管部门出具。

(4)获得地(市)级(含)以上的科技成果奖励、工作奖励2项(含)以上,其中近3年来不少于1项的证明材料,由申报人出具原件,申报单位审核并在复印件上加盖单位公章。

(5)在创新基层农技推广方式方法和服务机制、培育农业社会化服务组织、开发特色农业等方面业绩突出的证明材料,由申报人所在单位出具。

(6)参加省(部)级以上重大科技专项,并做出突出贡献的证明材料,由申报人提供相关项目文件。

2.县及县以下农业技术推广人员

(1)中专以上学历证书或三级以上农业职业技能鉴定证书复印件,由申报人提供。

(2)连续从事基层农业技术推广工作15年(含)以上,或连续在乡镇(含区域)站从事农业技术推广工作10年(含)以上,常年有2/3以上的工作时间在生产一线从事技术推广的证明材料,由申报人所在单位出具。

(3)近10年来无重大技术事故或连带责任的证明材料,由申报人所在单位出具。

(4)为服务区引进推广重大农业技术3项(含)以上,其中,近5年来不少于1项证明,由申报人所在服务区乡镇政府或县级农业行政主管部门出具;因引进推广重大农业技术而取得的显著经济、社会和生态效益证明材料,由申报人所在服务区的县级农业行政主管部门出具。

(5)获得地(市)级(含)以上的科技成果奖励、工作奖励 2 项(含)以上,其中近 3 年来不少于 1 项的证明材料,由申报人所在单位出具。

(6)在创新基层农技推广方式方法和服务机制、培育或领办农业社会化服务组织、开发特色农业等方面业绩突出的证明材料,由申报人所在单位出具。

(7)参加省(部)级以上重大科技专项,并做出突出贡献的证明材料,由申报人提供相关项目文件。

3.农业科技示范户

(1)初中以上学历和有关农民技术培训经历的证明材料,由申报人提供原件,县级农业行政主管部门审核并在复印件上加盖公章。

(2)连续 5 年(含)以上被确定为科技示范户,生产规模达到当地中等以上,在当地发挥重要农业科技示范带动作用的证明材料,由申报人所在县级农业行政主管部门出具。

(3)采用新品种或新技术 3 项(含)以上,且经县级农业(科技)主管部门验收,连续 3 年(含)以上产量(效益)居本县领先地位的证明材料,由申报人所在县级农业行政主管部门出具。

(4)在划定的示范区域内带动同产业农户 2/3 以上,且对推动农业产业化(领办农业合作化组织)做出突出贡献的证明材料,由申报人所在乡镇政府或县级农业行政主管部门出具。

(5)近 5 年内,获得过县级(含)以上政府、产业(科技)部门或省级以上产业协会表彰奖励,申报人提供原件,县级农业行政主管部门审核,并在复印件上加盖单位公章。

(6)通过种养技术(品种)的自主改良,实现节本增效,且经县级(含)以上有关部门认定具有重要推广价值的证明材料,由申报人所在县级农业行政主管部门出具。

第二十四条 申报与评审程序:

(一)申报与评审工作须通过奖励办公室建立的“丰收奖管理信息系统”完成。

(二)省级评审小组根据奖励委员会下达的推荐名额和要求,组织开展本省申报和初评工作。申报单位在申报时，应对申报项目全部内容在本单位公告栏进行为期3天的公示。初评结果须在本省公示7天。如无异议，以正式文件报送奖励办公室；如有异议，须在奖励办公室规定的申报截止日期内对异议进行甄别处理后，无异议的方可推荐，逾期不得向奖励办公室推荐。

（三）部属单位科技管理部门根据奖励委员会下达的推荐名额和要求，组织开展本单位申报工作，并将申报材料以正式文件报送奖励办公室。

（四）奖励办公室对初评和推荐来的奖项进行形式审查。对不符合规定的，要求申报和推荐单位在规定的时间内补正；逾期不补正或经补正仍不符合要求的，视为撤回申报。

（五）奖励办公室组织召开评审会，由评审专家组对形式审查合格的农业技术推广贡献奖候选人进行差额评审。评审采用无记名投票方式，评审结果达到到会评审专家的1/2以上方为通过。

第二十五条 评审结果经奖励委员会审核后由奖励办公室对评审结果进行公示。最终结果由主管部长签发公布。

第二十六条 农业部对获奖的单位和个人颁发奖状、奖励证书。证书内容主要包括项目名称、奖励等级、获奖者姓名、获奖者身份证号、获奖者单位名称等。

第五章 农业技术推广合作奖

第二十七条 奖励范围：在农业技术推广活动中做出重要贡献的农科教、产学研、相关组织等合作团队。

第二十八条 奖励数量：每次奖励不超过20个。

第二十九条 评审标准：

（一）连续多年合作开展农业技术推广工作，对农业生产做出显著贡献；

（二）具有明确的目标任务、长效的合作机制，形成具有重要推广价值的技术推广模式；

（三）带动基层农业技术推广能力明显提升，促进产业快速发展；

（四）带动当地某项产业快速发展，并形成主导产业，创立品牌或取得无公害、绿色、有机等认证。

第三十条 申报条件：

(一)两个系统以上的单位在基层紧密合作开展农业技术推广活动;

(二)合作成果得到当地政府和农民的认可;

(三)连续合作3年(含)以上。

第三十一条 主要完成人和单位:

(一)主要完成人总数不超过30人;

(二)主要合作单位不少于3个;

(三)每个合作单位的主要完成人不超过10人。

第三十二条 申报材料:

(一)申报书;

(二)主要完成单位情况表;

(三)主要完成人情况表;

(四)工作总结;

(五)连续合作3年(含)以上的证明材料。

第三十三条 申报与评审程序:

(一)申报与评审工作须通过奖励办公室建立的"丰收奖管理信息系统"完成。

(二)省级评审小组根据奖励委员会下达的推荐名额和要求,组织开展本省申报和初评工作。申报单位在申报时,应对申报项目全部内容在本单位公告栏进行为期3天的公示。初评结果须在本省公示7天。如无异议,以正式文件报送奖励办公室;如有异议,须在奖励办公室规定的申报截止日期内对异议进行甄别处理后,无异议的方可推荐,逾期不得向奖励办公室推荐。

(三)部属单位科技管理部门根据奖励委员会下达的推荐名额和要求,组织开展本单位申报工作。奖励办公室组织专家对各单位以正式文件报送的材料进行初评。

(四)奖励办公室对初评奖项进行形式审查。对不符合规定的,要求申报和推荐单位在规定的时间内补正;逾期不补正或经补正仍不符合要求的,视为撤回申报。

(五)奖励办公室组织召开评审会,由评审专家组对形式审查合格的农业技术推广合作奖候选团队进行差额评审。评审采用无记名投票方式,评审结果达到到会评审专家的1/2以上方为通过。

第三十四条 评审结果经奖励委员会审核后由奖励办公室对评审结果进行公示。最终结果由主管部长签发公布。

第三十五条 农业部对获奖的单位和个人颁发奖牌、奖励证书。证书内容主要包括项目名称、奖励等级、获奖者姓名、获奖者身份证号、获奖者单位名称等。

第六章 异议处理

第三十六条 丰收奖实行异议制度。任何单位或者个人可在自评审结果公示之日起 15 个工作日内(以材料寄出邮戳时间为准)通过电话或传真、电子邮件、信件向奖励办公室提出异议,但必须提供相关纸质证明材料。单位提出异议的,应在异议材料上加盖公章并注明联系方式;个人提出异议的,需写明工作单位和联系方式,签署真实姓名。逾期提出或者不符合要求的异议不予受理。

第三十七条 异议分为实质性异议和非实质性异议。凡因项目内容不实所提的异议为实质性异议;对主要完成人、主要完成单位及其排序的异议为非实质性异议。奖励等级不属于异议范围。

第三十八条 实质性异议由奖励办公室负责处理,省级农业厅(委、局)协助调查并提出初步处理意见。处理程序如下:

(一)责成被异议方书面回复有关异议内容,陈述理由,并及时提供相关证明材料;必要时,省级农业厅(委、局)派人调查核实情况。

(二)省级农业厅(委、局)根据异议双方提交的材料或者根据调查核实的情况,形成初步处理意见,并通知异议双方,征求双方意见。

(三)若异议双方认同初步处理意见,应在异议处理书上签字;省级农业厅(委、局)将处理结果报奖励办公室备案,视为异议处理完毕。

(四)若异议方或被异议方对初步处理意见持不同意见,由省级农业厅(委、局)将异议材料报奖励办公室处理;必要时,奖励办公室组织有关专家调查核实情况,或者请异议双方到场答辩,形成处理意见。书面处理意见送达异议双方后,视为异议处理完毕。

第三十九条 非实质性异议由省级农业厅(委、局)、部属单位处理。处理程序如下。

(一)责成被异议方书面答复有关异议内容;

(二)协调异议双方意见,必要时可聘请有关专家调查核实情况,形成

处理意见；

（三）将处理意见及时通知异议双方，并报奖励办公室备案。

如省级农业厅（委、局）或部属单位提出处理意见后，该申报成果仍存在非实质性异议，奖励办公室将取消该申报成果的评奖资格，不再进行递补评选，并视情况核减相关上报部门下一轮丰收奖的申报名额。

第四十条 异议自评审结果公示之日起 20 个工作日内未处理完毕的，取消其本次获奖资格。

第四十一条 农业部及省级农业厅（委、局）不定期对获奖项目、团队和个人进行检查。如发现有弄虚作假，即撤销其获奖资格，追回奖状、奖励证书，并通报批评。

第四十二条 申报项目（候选人、候选团队）经奖励办公室公示后原则上不允许退出，如确需退出的，由推荐单位以书面方式向奖励办公室提出申请，经奖励办公室批准后方可退出。经批准退出的，如推荐单位再次以相关项目推荐申报丰收奖，须暂停一届。

第七章 附 则

第四十三条 丰收奖的推荐、评审、授奖的经费管理，按照国家有关规定执行。

第四十四条 本细则自公布之日起施行。

(二)地方政策法规

广西壮族自治区农业机械管理条例

广西壮族自治区人大常委会公告

(十届第101号)

《广西壮族自治区农业机械管理条例》已由广西壮族自治区第十届人民代表大会常务委员会第二十九次会议于2007年11月30日修订通过,现将修订后的《广西壮族自治区农业机械管理条例》公布,自2008年1月1日起施行。

广西壮族自治区人民代表大会常务委员会

2007年11月30日

第一章 总 则

第一条 为鼓励、扶持农民和农业生产经营组织使用先进适用的农业机械,提高农业的生产技术水平,推进农业现代化,根据《中华人民共和国农业机械化促进法》等有关法律、法规,结合自治区实际,制定本条例。

第二条 县级以上人民政府应当加强对农业机械化促进工作的领导,把发展农业机械化纳入国民经济和社会发展计划,逐步增加对农业机械化的资金投入,加强农业机械化服务体系、安全保障体系和基础设施建设,支持农业机械化新技术、新产品推广应用,促进农业机械化。

第三条 县级以上人民政府农业机械化主管部门负责本行政区域内的农业机械化促进工作。财政、公安、交通、工商行政管理、质量技术监督等部门按照各自职责,共同做好本地区农业机械化促进工作。

乡(镇)负责农业机械化工作的机构,应当做好本乡(镇)的农业机械化促进工作。

第二章 扶持措施

第四条 自治区人民政府应当将农业机械化科研开发纳入科学和技术发展规划,并投入相应的科研开发资金,扶持科研机构、学校和企业研究开发、推广利用先进适用的农业机械新技术、新产品,促进农业机械化科技成果转化。

各级人民政府应当加强农业机械化科研成果的知识产权保护。

第五条 各级人民政府应当加强以政府推广为主导的公益性农业机械化技术推广体系建设，支持农业机械化技术推广、培训、试验、示范。

第六条 任何单位和个人不得侵占或者无偿调拨基层农业机械化技术培训、推广机构的资产。农业机械化技术学校确需合并、撤销的，应当征求上一级人民政府农业机械化主管部门意见。

第七条 自治区建立和完善受益直接、操作简便的农业机械购置补贴制度，公布年度农业机械补贴资金的补贴机具目录、申请程序。

自治区鼓励农民、农业生产经营组织购买先进适用的农业机械，对购买列入国家和自治区支持推广农业机械产品目录的产品，县级以上人民政府应当安排专项资金给予补贴。

未经县级以上人民政府农业机械化主管部门批准，农业机械所有人在两年内不得转卖或者转让已享受购置补贴的农业机械。

第八条 自治区鼓励和支持节能、环保、安全、低耗、高效农业机械化技术的应用，并建立农业机械更新报废经济补偿制度，安排农业机械更新报废补贴资金。

第九条 县级以上人民政府可以采用贴息方式，支持金融机构向购置农业机械、开展作业服务的农民和农业生产经营组织，以及从事农业机械科研开发、技术创新的企业提供贷款。

第十条 直接从事农业机械生产作业的农民和农业生产经营组织，享受国家规定的燃油补贴。县级以上人民政府财政、农业机械化主管部门应当按照国家和自治区有关规定做好燃油补贴的发放工作。

农业机械作业燃油补贴资金应当专款专用，不得截留、挪用。

第十一条 耕整机、手扶拖拉机、联合收割机，以及从事农田作业的大中型拖拉机等农业机械，免征养路费。其他拖拉机按照国家和自治区有关规定减征养路费。

第十二条 县级以上人民政府应当逐年增加公益性农业机械化基础设施、技术推广、培训的投入，应当把农村机耕道路等农业机械化基础设施的建设和维护纳入地方年度基础设施计划，应当把农业机械化技术推广、鉴定机构履行公益性职能所需经费纳入同级财政预算。

第十三条 自治区人民政府应当在年度预算和农业发展资金安排中，适当倾斜支持国家和自治区确定的贫困县的农业机械化发展。

第三章　社会化服务

第十四条　各级人民政府应当鼓励、扶持单位和个人实行农业机械联合经营或者合作经营，扶持发展农业机械专业合作社、作业公司、租赁公司、作业服务协会、信息网络、中介组织等，建立健全农业机械化服务体系，推动农业机械化服务向市场化、信息化、产业化、社会化发展。

第十五条　各级人民政府及有关部门鼓励和支持农民、农业机械作业组织按自愿协商的原则开展有偿农业机械作业服务。

县级以上人民政府农业机械化主管部门负责农业机械跨行政区域作业的组织、协调和监督管理。公安、交通等有关部门应当在各自职责范围内，为农业机械转移提供安全保障和通行便利。县级以上人民政府应当做好农业机械作业用油供应的协调工作，解决水稻、甘蔗等农作物种收季节的农业机械作业用油。

第十六条　县级以上人民政府应当采取措施，推进农业机械化信息网络建设，完善农业机械化公益性信息收集与发布机制，及时提供公益性农业机械化信息服务。

第十七条　县级以上人民政府农业机械化主管部门负责农业机械化服务体系的建设规划和监督管理，鼓励和引导农业机械服务组织开展农业机械示范推广、技术培训、信息、中介、销售、维修等服务。

第十八条　各级农业机械化技术学校应当适应农业机械化发展的需要，为农业机械使用、维修、销售、管理等人员提供多种形式的技术培训。

从事拖拉机驾驶培训活动的单位，应当具备与其培训活动相适应的场地、设备、技术人员、规章制度，并取得自治区人民政府农业机械化主管部门颁发的驾驶培训许可证后，方可开展培训活动。

第四章　推广使用

第十九条　各级农业机械化技术推广机构，应当根据当地农业和农村经济发展的需要，结合自治区优势农作物生产需要，推广适应本地特点的先进适用农业机械化新技术、新产品。

第二十条　各级人民政府应当合理配置基层农业机械化推广专业技术人员。公益性农业机械化技术推广机构应当无偿提供农业机械化技术推广、培训服务。

第二十一条　自治区人民政府农业机械化主管部门根据农业结构调

整、推广农业新技术和加快农业机械更新的需要，确定、公布农业机械推广产品目录，并适时调整，为农民和农业生产经营组织选购农业机械提供信息服务。

第二十二条 县级以上人民政府农业机械化主管部门应当按照国家有关规定，建立农业机械岗位培训制度，开展农业机械行业特有工种从业人员的职业技能鉴定工作。对考核鉴定合格者，发给职业资格证书。

第五章 质量保障

第二十三条 农业机械生产者、经营者从事农业机械生产、维修、作业服务，应当执行国家或者自治区有关标准、技术规范。

农业机械生产、维修、作业没有国家标准和行业标准的，自治区人民政府农业机械化主管部门应当会同本级标准化行政主管部门及时制定有关地方标准、技术规范。

从事农业机械维修、作业服务，国家和自治区没有制定标准或者技术规范的，按照经营者和使用者双方约定的标准执行。

第二十四条 农业机械新产品在定型投入生产前，应当经过具有检验资质的农业机械鉴定机构检验，农业机械鉴定机构应当按照产品标准进行农业机械新产品检验，按规定出具检验报告。

申请人获得农业机械鉴定机构出具的检验报告后，应当向有关主管部门办理农业机械新产品鉴定合格证明。

第二十五条 自治区对直接关系公共安全、人身财产安全、农业环境保护和执行强制性标准的农业机械产品实行农业机械鉴定产品目录管理。鉴定的条件、程序参照农业部《农业机械试验鉴定办法》执行。

第二十六条 自治区人民政府农业机械化主管部门应当加强农业机械质量调查工作，制定并组织实施自治区农业机械质量调查计划，定期公布调查结果。

县级以上人民政府农业机械化主管部门应当及时处理农业机械产品质量、维修质量和服务质量投诉。

县级以上人民政府农业机械化主管部门开展质量调查或者处理质量投诉属于无偿提供的服务，不得收取任何费用。

第二十七条 农业机械生产者、销售者应当对其生产、销售的农业机械产品质量负责。禁止生产、销售下列农业机械产品：

(一)属于农业机械鉴定产品范围而未参加鉴定或者未获列入目录的;

(二)不符合包修、包换、包退规定的;

(三)拼装、非法改装的;

(四)法律、法规禁止生产、销售的。

第二十八条 从事农业机械维修经营的,应当具备符合行业标准规定的设备、设施、技术人员、质量管理、安全生产及环境保护等条件,取得相应类别和等级的《农业机械维修技术合格证》,并持《农业机械维修技术合格证》到工商行政管理部门办理工商注册登记手续后,方可从事农业机械维修业务。

农业机械维修经营者应当在核准的维修类别和等级范围内从事维修业务,不得超越范围承揽维修项目。

第二十九条 办理《农业机械维修技术合格证》的,应当向经营地的县级人民政府农业机械化主管部门提出申请,提交能够证明所具备条件的有关材料。县级人民政府农业机械化主管部门应当自收到申请材料之日起20日内作出是否批准的决定;不予批准的,应当书面说明理由。

未设立农业机械化主管部门的市辖区,办理《农业机械维修技术合格证》,由设区的市人民政府农业机械化主管部门依照前款规定办理。

第六章 法律责任

第三十条 违反本条例第七条第三款规定,未经批准转卖或者转让享受购置补贴的农业机械的,由当地人民政府农业机械化主管部门责令全额退回补贴资金,没收违法所得。

第三十一条 违反本条例第二十三条规定,农业机械维修经营者不按照国家和自治区有关标准、技术规范或者当事人双方约定的标准执行的,由县级以上人民政府农业机械化主管部门责令其无偿返工或者减收服务费;造成人身伤害或者财产损失的,维修者应当依法承担赔偿责任。

第三十二条 违反本条例第二十七条第(一)项规定,生产、销售属于农业机械鉴定产品范围而未参加鉴定或者未获列入目录的产品的,由县级以上人民政府农业机械化主管部门责令改正,并由有关主管部门依照《中华人民共和国产品质量法》的规定予以处理。

违反本条例规定第二十七条第(三)项规定,拼装、非法改装或者销售拼装、非法改装的拖拉机、联合收割机等涉及人身安全的农业机械的,由县级以上人民政府农业机械化主管部门对查处的农业机械予以拆解，并处以 1 000 元以上 1 万元以下的罚款。

第三十三条 违反本条例第二十八条规定，未取得《农业机械维修技术合格证》从事维修业务，或者超越范围承揽农业机械维修项目的，由县级以上人民政府农业机械化主管部门责令改正，没收违法所得，并处以违法所得一倍以上五倍以下的罚款。

第三十四条 违反本条例规定，有下列行为之一的，对直接负责的主管人员或者其他直接责任人员，由各级人民政府农业机械化主管部门或者其上级主管部门给予行政处分；构成犯罪的，依法追究刑事责任：

（一）公益性农业机械化技术推广机构向农民或者农业生产经营组织收取或者变相收取农业机械化技术推广、培训服务费用的；

（二）农业机械化主管部门在开展质量调查和质量投诉处理中收取或者变相收取费用的；

（三）农业机械化主管部门工作人员有其他滥用职权、徇私舞弊、玩忽职守行为的。

有前款第（一）、第（二）项行为的，有关部门或者机构应当退回所收取的费用。

第七章 附 则

第三十五条 农业机械安全监督管理，依照国家和自治区有关规定执行。

第三十六条 本条例自 2008 年 1 月 1 日起施行。

广西壮族自治区农业机械产品管理办法

第一条 为了加强农业机械产品管理，保障农业机械生产者、销售者和使用者的合法权益，根据有关法律法规，结合本自治区实际，制定本办法。

第二条 本办法所称农业机械产品，是指用于农业生产及其产品初加工等相关农事活动的机械、设备及其零部件。

第三条 在本自治区行政区域内从事农业机械产品生产、销售和管理活动的单位和个人，必须遵守本办法。

第四条 县级以上农业机械化主管部门负责本行政区域内农业机械产品管理工作。

县级以上质量技术监督部门、工商行政管理部门和工业企业行政管理部门在各自的职责范围内负责对农业机械产品的监督管理工作。

第五条 农业机械试验鉴定机构具体负责农业机械产品鉴定、质量调查、质量投诉的检验工作。

农业机械产品质量投诉监督机构具体负责农业机械产品质量投诉工作。

第六条 直接关系公共安全、人身财产安全、农业环境保护和执行强制性标准的农业机械产品实行农业机械鉴定产品目录管理。

自治区人民政府支持推广的、先进适用的农业机械产品实行农业机械推广产品目录管理。

纳入国家生产许可证和强制认证管理的农业机械产品按照国家有关规定执行。

第七条 农业机械鉴定产品目录由自治区农业机械化主管部门编制与发布。

农业机械鉴定产品目录是农业机械产品生产、销售和管理的依据。

第八条 农业机械生产者申请农业机械产品列入农业机械鉴定产品目录的，应当向自治区农业机械化主管部门提出书面申请，并提交营业执照复印件、省（部）级以上产品定型鉴定证明、产品标准文本、产品使用说明书。

自治区农业机械化主管部门应当自收到申请之日起 15 个工作日内，

对农业机械生产者提交的资料进行审查，审查合格的，予以列入农业机械鉴定产品目录，并适时向社会公布；审查不合格的，书面通知农业机械生产者并说明理由。

第九条 自治区农业机械化主管部门根据农业结构调整、推广农业新技术和加快农业机械更新的需要，确定、公布农业机械推广产品目录。

农业机械推广产品目录是自治区人民政府制定扶持政策的依据，作为农民和农业生产经营组织选购先进适用的农业机械的重要信息。

第十条 农业机械生产者申请农业机械产品列入农业机械推广产品目录的，应当向自治区农业机械化主管部门提出推广鉴定申请。

自治区农业机械化主管部门受理申请后，组织自治区农业机械产品鉴定检验机构对农业机械产品进行先进性、适用性、安全性和可靠性鉴定。鉴定合格的，由自治区农业机械化主管部门核发推广鉴定证书和推广鉴定专用标志，列入农业机械推广产品目录，并适时向社会公布。

自治区行政区域外的农业机械生产者要求将其产品列入农业机械推广产品目录的，按照前款规定办理。

农业机械产品推广鉴定证书和推广鉴定专用标志不得伪造、涂改、转让和超范围使用。

第十一条 县级以上农业机械化主管部门应当加强本行政区域内农业机械产品的质量调查工作，及时、有效地处理农业机械产品质量投诉，并适时向社会公布质量调查结果。

农业机械产品质量调查包括质量跟踪调查、区域性质量普查、市场调查、抽样检验等。

第十二条 县级以上农业机械化主管部门在实施农业机械产品质量调查和处理质量投诉时，可以行使下列职权。

（一）询问有关当事人，了解涉嫌违法生产、销售情况；

（二）进入产品生产、销售、存储场所检查；

（三）查验产品定型鉴定证明、推广鉴定证书、推广鉴定专用标志等有关资料；

（四）查阅、复制有关合同、发票、账册以及其他相关资料；

（五）对涉嫌违法生产、销售的产品进行抽样检验；

（六）法律法规和规章规定的其他职权。

第十三条 县级以上农业机械化主管部门依法进行产品质量调查和处理质量投诉案件时，应当出示《广西壮族自治区行政执法证》，被检查者应当予以配合。需要抽样检验的，样品由被检查者无偿提供。检验后的样品，除已耗损或者国家和自治区另有规定外，应当全部予以退回。

第十四条 被检查者对检验结果有异议的，可在接到检验报告之日起15个工作日内向实施质量调查的农业机械化主管部门或者上一级农业机械化主管部门申请复检，受理申请的农业机械化主管部门应当在5个工作日内作出答复。经复检证实原检验结果有误的，承检单位应当予以更正；原检验结果正确的，应当予以维持并由申请复检者承担复检费用。

第十五条 农业机械生产者、销售者应当对其生产、销售的农业机械产品质量负责。禁止生产、销售下列农业机械产品。

（一）应当列入农业机械鉴定产品目录管理而未列入的；

（二）不符合包修、包换、包退三包规定的；

（三）非法拼装、改装的；

（四）法律法规禁止生产、销售的。

第十六条 违反本办法规定，伪造、涂改、转让和超范围使用推广鉴定证书和推广鉴定专用标志的，由县级以上农业机械化主管部门处以5 000元以上2万元以下的罚款，并由自治区农业机械化主管部门注销其推广鉴定证书，责令其停止使用推广鉴定专用标志。

第十七条 违反本办法规定，拒不接受农业机械产品质量调查、不提供抽样检验样品和有关资料的，由县级以上农业机械化主管部门或者其他有关部门责令改正，并处以1 000元以上5 000元以下的罚款。

第十八条 违反本办法规定，生产销售应当列入农业机械鉴定产品目录管理而未列入的、不符合三包规定的、非法拼装改装的农业机械产品的，由县级以上农业机械化主管部门或者有关部门责令改正，并处以1 000元以上1万元以下的罚款。

第十九条 农业机械产品鉴定、质量调查、受理质量投诉的工作人员玩忽职守、滥用职权、索贿受贿的，由其所在单位给予行政处分。

第二十条 本办法自2006年1月1日起施行。

广西壮族自治区农机化管理中心农机化项目管理暂行办法

第一章　总　则

第一条　为加强农机化项目管理，规范项目的申报、审批和实施行为，提高项目决策水平和投资效益，促进农机化健康发展，根据国家和自治区的有关规定，制定本办法。

第二条　本办法适用于有国家和自治区政府性资金投入的农机化技术推广项目、农机具研发与推广项目、农机化生产示范项目、农机化服务体系建设项目、农机教育培训项目、农机科研项目、农机安全生产基础设施建设和技术装备建设项目、农机基本建设投资项目等农机化项目。

第三条　农机化项目投资应围绕广西农业产业、农村经济发展、农机化发展规划，以稳定和提高农业综合生产能力及国际竞争力，促进农业结构战略性调整，加快农业科技进步和增强农业发展后劲为目标，通过投资引导和项目带动，发挥农机化在培育具有较强竞争力的优势产品和优势产业中的作用，促进农业增效和农民增收。

第四条　农机化项目投资主要用于农机化基础性、公共性、公益性项目，以及需要自治区投资的具有全局意义、跨区域性的重大农机化基础性、公益性骨干项目和示范引导性项目（简称联建项目）。原则上不安排受益范围较小、不具备广泛示范引导作用，属于局部地方投资范围以及生产经营性（竞争性）项目。

第二章　职能分工

第五条　农机化项目实行统一申报、集体审核、分工负责、分级实施的管理办法。

第六条　农机化项目的申报审核由自治区农机化管理中心办公室统一归口管理。办公室统一受理各市农机化项目申报材料，建立农机化项目库；根据年度农机化项目投资重点和投资规模，编制农机化投资项目预算，上报和下达年度项目投资预算计划。

第七条　办公室（计财）负责农机化基本建设投资项目的立项审查；负责农机化项目资金的管理，监督检查项目资金使用情况。

第八条　监督管理处负责农机化生产示范、农机服务体系建设项目的立项初选和审查，提出项目计划建议；负责对已下达项目的组织实施和日常监督检查以及项目竣工验收等工作。

第九条 科教质量处负责农机化技术推广、农机具研发与推广、农机教育培训、农机科研项目的立项初选和审查，提出项目计划建议；负责对已下达项目的组织实施和日常监督检查以及项目竣工验收等工作。

自治区农机化技术推广总站协助科教质量处做好农机化技术推广项目、农机具研发与推广项目的评审、实施、日常检查、指导以及项目的竣工验收工作。

第十条 自治区农机安全监理总站负责农机安全生产基础设施建设和技术装备建设项目的立项初选和审查，提出项目计划建议；负责对已下达项目的组织实施、日常监督检查以及项目的竣工验收等工作。

第十一条 各市农机化主管部门具体负责本辖区内农机化项目的申报与管理，包括项目的规划布局，开展项目前期工作，组织项目申报和实施，督促落实地方配套资金，监督项目资金使用，参加项目竣工验收等。

第三章 项目申报与审批

第十二条 市农机化主管部门负责组织本市农机化项目申报工作。县级申报项目，经县级农机化主管部门审核、签署意见，统一由市农机化主管部门汇总遴选，择优向自治区农机化管理中心申报；市级申报项目，由市农机化主管部门汇总遴选后择优向自治区农机化管理中心申报。

自治区农机化管理中心直属单位申报农机化项目，申报材料报相关业务处(室)审核后转报中心办公室。

第十三条 所有项目申报材料必须按统一格式填写。申报内容要完整、充实，有关数据准确、统一规范。项目申报材料要一式10份上报自治区农机化管理中心，由办公室统一收文、登记。所有项目的申报材料均拷贝软盘1份同时上报(文件用word文档，表格用Excel电子表格)。

第十四条 项目初审。中心有关职能处室承办申报项目的初审，对申报项目提出可行性评价和投资计划的初步意见。

第十五条 项目投资预算的编制。列入部门财政预算的农机化项目原则上从备选项目库中遴选。办公室(计财)在综合有关职能处室对项目初审意见的基础上，经综合平衡，提出具体项目经费预算方案，提交中心主任办公会或常务会议通过后，向自治区财政厅编报年度项目投资预算。

第十六条 项目投资预算经自治区财政厅批复后，由中心发文，下达项目投资计划。

第四章　项目的组织实施和管理

第十七条　农机化项目由自治区农机化管理中心统一管理。已经批复下达的项目,实施单位要及时制定项目实施方案,上报自治区农机化管理中心审核同意后,方可按方案开展项目实施工作。项目投资计划一经批复,即作为建设施工、设备采购、签订合同以及竣工验收的依据。实施单位不能自行调整投资规模、建设内容、改变资金投向和用途。如确需调整的,须按规定报批。

第十八条　重大项目实行行政领导责任制。根据项目建设需要,成立项目领导小组,建立层层负责的责任人制度。自治区农机化管理中心职能处室领导作为重大项目的监管责任人,具体负责对相关项目建设全过程的监督管理。

第十九条　重大项目实行项目法人责任制。承担项目建设的法人,要对项目申报、项目建设、资金管理及建成后运行管理全过程负责。

第二十条　确保项目建设进度和质量。项目建设单位应在自治区农机化管理中心下达项目后的 6 个月内实施项目建设。因故不能按期实施的,应向自治区农机化管理中心申请延期,延期不得超过 6 个月。对下达投资计划后,既不实施又不申请延期,或者因故不能按期开工超过 6 个月的,自治区农机化管理中心会同自治区财政厅或项目计划下达部门取消其项目建设资格,收回已下达投资。

第二十一条　基本建设项目严格按照《招投标法》及自治区有关规定进行公开招标。办公室(计财)负责对基本建设项目的招标工作进行监督。

第二十二条　自治区农机化管理中心加强项目资金的管理监督,组织有关人员对项目资金的使用情况进行检查分析,对投资较大的项目,还要对社会效益和经济效益进行追踪调查。确保项目建设进度和资金的合理、安全使用,提高投资效益。

第二十三条　各级农机化主管部门要规范农机化项目资金管理行为,强化财务监督,对项目资金实行专账管理,严格执行项目实施计划,按计划使用资金,专款专用,不得挤占、挪用项目资金。

第二十四条　凡发现年度投资计划执行不力,项目建设违反程序,擅自变更建设性质、内容和投资规模,挤占挪用项目资金或不落实配套资金,问题严重的要追回项目资金，并在下年度不再安排项目资金，同时建议有关部门追究项目单位主要领导责任。

第二十五条 每年3月底前，各项目实施单位将上年度项目资金使用情况表及项目实施情况书面报告自治区农机化管理中心。中心办公室（计财）根据各地报送材料整理汇总，做出项目资金使用情况总结。

第二十六条 项目建成后，项目所在市、县农机化主管部门、自治区农机化管理中心相关职能处室按照职能分工，及时组织项目的竣工验收，并认真做好重点建设项目的评价、科研成果鉴定等工作。

第五章 附则

第二十七条 本办法自二OO四年七月一日起施行。原自治区农机化管理中心有关规定与本办法规定不一致的，按照本办法规定执行。

二、文件通知

中共中央国务院关于全面深化农村改革加快推进农业现代化的若干意见(节选)

(中发〔2014〕1号)

2014年及今后一个时期,农业农村工作要以邓小平理论、“三个代表”重要思想、科学发展观为指导,按照稳定政策、改革创新、持续发展的总要求,力争在体制机制创新上取得新突破,在现代农业发展上取得新成就,在社会主义新农村建设上取得新进展,为保持经济社会持续健康发展提供有力支撑。

一、完善国家粮食安全保障体系

1.抓紧构建新形势下的国家粮食安全战略。把饭碗牢牢端在自己手上,是治国理政必须长期坚持的基本方针。综合考虑国内资源环境条件、粮食供求格局和国际贸易环境变化,实施以我为主、立足国内、确保产能、适度进口、科技支撑的国家粮食安全战略。任何时候都不能放松国内粮食生产,严守耕地保护红线,划定永久基本农田,不断提升农业综合生产能力,确保谷物基本自给、口粮绝对安全。

……

二、强化农业支持保护制度

……

6.健全“三农”投入稳定增长机制。完善财政支农政策,增加“三农”支出。公共财政要坚持把“三农”作为支出重点,中央基建投资继续向“三农”倾斜,优先保证“三农”投入稳定增长。拓宽“三农”投入资金渠道,充分发挥财政资金引导作用,通过贴息、奖励、风险补偿、税费减免等措施,带动金融和社会资金更多投入农业农村。

7.完善农业补贴政策。按照稳定存量、增加总量、完善方法、逐步调整的要求,积极开展改进农业补贴办法的试点试验。继续实行种粮农民直接补贴、良种补贴、农资综合补贴等政策,新增补贴向粮食等重要农产品、新型农业经营主体、主产区倾斜。在有条件的地方开展按实际粮食播种面积或产量对生产者补贴试点,提高补贴精准性、指向性。加大农机购置补贴力度,完善补贴办法,继续推进农机报废更新补贴试点。

……

11. 推进农业科技创新。深化农业科技体制改革，对具备条件的项目，实施法人责任制和专员制，推行农业领域国家科技报告制度。加强以分子育种为重点的基础研究和生物技术开发，建设以农业物联网和精准装备为重点的农业全程信息化和机械化技术体系，推进以设施农业和农产品精深加工为重点的新兴产业技术研发，组织重大农业科技攻关。发挥现代农业示范区的引领作用。加强农用航空建设。

12. 加快发展现代种业和农业机械化。建立以企业为主体的育种创新体系，推进种业人才、资源、技术向企业流动，做大做强育繁推一体化种子企业，培育推广一批高产、优质、抗逆、适应机械化生产的突破性新品种。推行种子企业委托经营制度，强化种子全程可追溯管理。加快推进大田作物生产全程机械化，主攻机插秧、机采棉、甘蔗机收等薄弱环节，实现作物品种、栽培技术和机械装备的集成配套。积极发展农机作业、维修、租赁等社会化服务。

三、建立农业可持续发展长效机制

……

14. 促进生态友好型农业发展。落实最严格的耕地保护制度、节约集约用地制度、水资源管理制度、环境保护制度，强化监督考核和激励约束。分区域规模化推进高效节水灌溉行动。大力推进机械化深松整地和秸秆还田等综合利用，加快实施土壤有机质提升补贴项目，支持开展病虫害绿色防控和病死畜禽无害化处理。加大农业面源污染防治力度，支持高效肥和低残留农药使用、规模养殖场畜禽粪便资源化利用、新型农业经营主体使用有机肥、推广高标准农膜和残膜回收等试点。

……

五、构建新型农业经营体系

……

22. 扶持发展新型农业经营主体。鼓励发展专业合作、股份合作等多种形式的农民合作社，引导规范运行，着力加强能力建设。允许财政项目资金直接投向符合条件的合作社，允许财政补助形成的资产转交合作社持有和管护，有关部门要建立规范透明的管理制度。推进财政支持农民合作社创新试点，引导发展农民专业合作社联合社。按照自愿原则开展家庭农场登记。

23.健全农业社会化服务体系。稳定农业公共服务机构，健全经费保障、绩效考核激励机制。采取财政扶持、税费优惠、信贷支持等措施，大力发展主体多元、形式多样、竞争充分的社会化服务，推行合作式、订单式、托管式等服务模式，扩大农业生产全程社会化服务试点范围。扶持发展农民用水合作组织、防汛抗旱专业队、专业技术协会、农民经纪人队伍。

中共中央国务院关于加快发展现代农业进一步增强农村发展活力的若干意见(节选)

(中发〔2013〕1号)

2013年农业农村工作的总体要求是:全面贯彻党的十八大精神,以邓小平理论、“三个代表”重要思想、科学发展观为指导,落实“四化同步”的战略部署,按照保供增收惠民生、改革创新添活力的工作目标,加大农村改革力度、政策扶持力度、科技驱动力度,围绕现代农业建设,充分发挥农村基本经营制度的优越性,着力构建集约化、专业化、组织化、社会化相结合的新型农业经营体系,进一步解放和发展农村社会生产力,巩固和发展农业农村大好形势。

一、建立重要农产品供给保障机制,努力夯实现代农业物质基础

1.稳定发展农业生产。粮食生产要坚持稳定面积、优化结构、主攻单产的总要求,确保丰产丰收。支持优势产区棉花、油料、糖料生产基地建设。扩大粮棉油糖高产创建规模,在重点产区实行整建制推进,集成推广区域性、标准化高产高效模式。

2.强化农业物质技术装备。落实和完善最严格的耕地保护制度,加大力度推进高标准农田建设。加强农业科技创新能力条件建设和知识产权保护,继续实施种业发展等重点科技专项,加快粮棉油糖等农机装备、高效安全肥料农药兽药研发。推进国家农业科技园区和高新技术产业示范区建设。

二、健全农业支持保护制度,不断加大强农惠农富农政策力度

1.加大农业补贴力度。按照增加总量、优化存量、用好增量、加强监管的要求,不断强化农业补贴政策,完善主产区利益补偿、耕地保护补偿、生态补偿办法,加快让农业获得合理利润、让主产区财力逐步达到全国或全省平均水平。继续增加农业补贴资金规模,新增补贴向主产区和优势产区集中,向专业大户、家庭农场、农民合作社等新型生产经营主体倾斜。落实好对种粮农民直接补贴、良种补贴政策,扩大农机具购置补贴规模,推进农机以旧换新试点。完善农资综合补贴动态调整机制,逐步扩大种粮大户补贴试点范围。

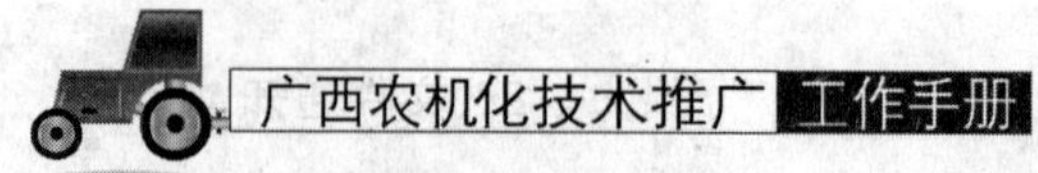

三、创新农业生产经营体制，稳步提高农民组织化程度

1. 稳定农村土地承包关系。……坚持依法自愿有偿原则，引导农村土地承包经营权有序流转，鼓励和支持承包土地向专业大户、家庭农场、农民合作社流转，发展多种形式的适度规模经营。结合农田基本建设，鼓励农民采取互利互换方式，解决承包地块细碎化问题。

2. 努力提高农户集约经营水平。按照规模化、专业化、标准化发展要求，引导农户采用先进适用技术和现代生产要素，加快转变农业生产经营方式。创造良好的政策和法律环境，采取奖励补助等多种办法，扶持联户经营、专业大户、家庭农场。大力培育新型农民和农村实用人才，着力加强农业职业教育和职业培训。充分利用各类培训资源，加大专业大户、家庭农场经营者培训力度，提高他们的生产技能和经营管理水平。

3. 大力支持发展多种形式的新型农民合作组织。……按照积极发展、逐步规范、强化扶持、提升素质的要求，加大力度、加快步伐发展农民合作社，切实提高引领带动能力和市场竞争能力。实行部门联合评定示范社机制，分级建立示范社名录，把示范社作为政策扶持重点。建立合作社带头人人才库和培训基地，广泛开展合作社带头人、经营管理人员和辅导员培训，引导高校毕业生到合作社工作。落实设施农用地政策，合作社生产设施用地和附属设施用地按农用地管理。

四、构建农业社会化服务新机制，大力培育发展多元服务主体

1. 强化农业公益性服务体系。不断提升乡镇或区域性农业技术推广、动植物疫病防控、农产品质量监管等公共服务机构的服务能力。继续实施基层农技推广体系改革与建设项目，建立补助经费与服务绩效挂钩的激励机制。继续实施农业技术推广机构条件建设项目，不断改善推广条件。支持高等学校、职业院校、科研院所通过建设新农村发展研究院、农业综合服务示范基地等方式，面向农村开展农业技术推广。加强乡镇或小流域水利、基层林业公共服务机构和抗旱服务组织、防汛机动抢险队伍建设。

2. 培育农业经营性服务组织。支持农民合作社、专业服务公司、专业技术协会、农民用水合作组织、农民经纪人、涉农企业等为农业生产经营提供低成本、便利化、全方位的服务，发挥经营性服务组织的生力军作用。

3. 创新服务方式和手段。鼓励搭建区域性农业社会化服务综合平台。

发展专家大院、院县共建、农村科技服务超市、庄稼医院、专业服务公司加合作社加农户、涉农企业加专家加农户等服务模式，积极推行技物结合、技术承包、全程托管服务，促进农业先进适用技术到田到户。开展农业社会化服务示范县创建。

国务院关于促进农业机械化和农机工业又好又快发展的意见

国发〔2010〕22号

各省、自治区、直辖市人民政府，国务院各部委、各直属机构：

农业机械是发展现代农业的重要物质基础，农业机械化是农业现代化的重要标志。当前，我国正处于从传统农业向现代农业转变的关键时期，加快推进农业机械化和农机工业发展，对于提高农业装备水平、改善农业生产条件、增强农业综合生产能力、拉动农村消费需求等具有重要意义。为促进农业机械化和农机工业又好又快发展，现提出以下意见。

一、指导思想、基本原则和发展目标

（一）指导思想。深入贯彻落实科学发展观，全面实施《中华人民共和国农业机械化促进法》，坚持走中国特色农业机械化道路，着力推进技术创新、组织创新和制度创新，着力促进农机、农艺、农业经营方式协调发展，着力加强农机社会化服务体系建设，着力提高农机工业创新能力和制造水平，进一步加大政策支持力度，促进农业机械化和农机工业又好又快发展。

（二）基本原则。

——因地制宜，分类指导。根据不同区域的自然禀赋、耕作制度和经济条件，采取相应的技术路线和政策措施，推进不同地区农业机械化发展，鼓励有条件的地方率先实现农业机械化。

——重点突破，全面发展。以促进农机农艺结合、实现重大装备技术突破等为重点，加快实现粮食主产区、大宗农作物、关键生产环节机械化，加大协同攻关和工作力度，带动农业机械化全面协调发展。

——鼓励创新，完善机制。创新农机服务形式，完善农机社会化服务机制，提高农机利用效率和效益。加快农机工业现代企业制度建设，以企业为核心，搭建科技创新平台，提高研发能力和制造水平。

——市场引导，政府扶持。以市场需求为导向，引导社会资本、技术和人才等要素投入，继续加大对农机购置、使用和农机工业的财税、金融等扶持力度，调动企业研发生产和农民购机用机积极性。

（三）发展目标。到2015年，农机总动力达到10亿kW，其中灌排机械动力达到1亿kW,主要农作物耕种收综合机械化水平达到55%以上。粮棉油糖等大宗农作物机械化水平明显提高,养殖业、林果业、农产品初加工机械化协调推进。农业机械化服务体系不断完善,服务能力进一步增强。建成协调有效的农机工业自主创新平台,形成若干具有自主知识产权的产品和技术,部分产品达到国际先进水平。

到2020年,农机总动力稳定在12亿kW左右,其中灌排机械动力达到1.1亿kW,主要农作物耕种收综合机械化水平达到65%。其中,小麦耕种收机械化水平达到90%以上,水稻种植、收获环节机械化水平分别达到60%和85%,玉米机收水平达到50%左右,油菜机播、机收水平分别达到15%和20%以上,基本解决甘蔗种植、收获机械化关键技术问题。农机工业技术创新体系得到完善,重点领域的关键技术取得突破,形成若干具有国际竞争力和品牌影响力的大型企业集团,基本建成现代化农机流通体系和完善的农机售后服务网络。

二、促进农业机械化发展的主要任务

(四)加快重点地区农业机械化进程。在东北地区、新疆棉区及华南蔗区重点发展大马力、高性能农机,提高大型农机配套比和使用效率,率先实现粮食生产全程机械化;大幅提高棉花机收水平;突破甘蔗收获机械化瓶颈制约,提升甘蔗耕种收机械化水平。在黄淮海地区巩固小麦生产全程机械化发展成果,进一步优化改善装备结构,提高作业效益;着力提升玉米机收水平,逐步实现玉米生产全程机械化;加大花生收获机械化示范和推广力度,扩大花生机收面积。在长江中下游地区重点普及水稻育插秧机械化技术,加快推进水稻生产全程机械化;积极发展油菜种植和收获机械化,加大直播机械和联合收获机械推广力度,推动油菜生产全程机械化。在南方丘陵山区推广轻便、耐用、低耗中小型耕种收和植保机械,推进丘陵山区主要粮油作物和特色农产品生产机械化;加大灌排设备更新改造力度,加快节水灌溉和小型抗旱设备推广,提高灌排设备装备水平。在其他地区加快提升水稻、玉米、马铃薯、油菜等主要农作物关键环节机械化水平,因地制宜发展特色经济作物、畜禽水产养殖等机械化。

(五)促进农机农艺协调发展。建立农机和农艺科研单位协作攻关机制,制定科学合理、相互适应的机械作业规范和农艺标准,将机械适应性作为科研育种、栽培模式推广的重要指标，有针对性地推广一批适合机械化作业的品种和种植模式。统筹规划，整合现有农机院所的科研力量，针对重点农作物建立农业机械化实验室，加强农业机械化生产技术研发工作。加强农机与水、肥、种、药等因素协调作用的机理研究，完善农业机械化、种子、土肥、植保等推广服务机构紧密配合的工作机制，组织引导农民统一农作物品种、播期、行距、行向、施肥和植保，为机械化作业创造条件。

（六）推进农机服务组织建设和社会化服务。创新农业机械化服务组织形式，大力发展农机专业合作社，培育发展一批设施完备、功能齐全、特色鲜明的示范农机合作社，带动大型、复式、高性能农机和先进农业技术的推广应用。加强抗旱排涝服务队伍建设。鼓励发展农机专业大户和联户合作，探索发展农机作业公司，促进农机服务主体多元化。培育农机作业、维修、中介、租赁等市场，扶持引导农机大户及各类农机服务组织购置先进适用的农机。继续抓好农机跨区作业，加强组织引导，推动农机跨区作业由小麦向水稻、玉米等大宗农作物延伸，由机收向机耕、机插、机播等环节拓展。加强机耕道路建设，改善农机作业、通行条件。保障重要农时农机作业、排灌及抗旱用油。

（七）加强农业机械化实用人才培养。充分利用高等院校、农业机械化（农业）技术学校，培养农业机械化专业人才。结合阳光工程等各类农民培训项目，大力培养农机作业和维修能手。开展农机使用等技能培训和科普宣传，提高农民对先进生产工具及技术的接受能力和操作水平。定期对农机推广、监理和试验鉴定人员进行培训，提升农业机械化公共服务水平。

（八）加强农业机械化技术推广。建立健全运行高效、服务到位、支撑有力、充满活力的农业机械化推广体系，创新推广机制，提高推广能力。加快普及主要农作物重点环节和关键农业机械化技术，促进先进适用、技术成熟、安全可靠、节能环保、服务到位的农机装备广泛应用。加快灌排设备更新改造进度，实现安全、高效、节能运行，及时满足农田灌排需要。大力推广保护性耕作、节水灌溉、土地深松、精量播种、化肥深施、高效植保和农作物秸秆综合利用等增产增效、资源节约、环境友好型农业机械化技术。不断探索农业机械化发展模式，提出农机研发和改进需求，提高农业机械化技术集成和装备配套水平，满足农业生产需求。

（九）强化农机安全使用监督管理。健全农机作业质量、维修质量标准体系，规范农机作业、维修服务，提高农机应用和保障水平。组织开展在用农机质量调查，强化对财政补贴农机的质量监督和跟踪调查。加强农机试验鉴定和质量认证工作。加强农机市场监管，完善农机质量投诉网络，严厉打击制售假冒伪劣农机产品等坑农害农行为，营造竞争有序、充满活力的市场环境，切实维护农民利益。建立农机报废更新制度，抓紧研究以旧换新办法，加快淘汰老旧及高耗能农机，促进安全、节能、环保型农机的推广应用。建立健全农机安全使用法规和制度，开展农机使用安全教育，加强基层农机安全监理队伍建设，提高装备水平和监管能力，预防和减少农机事故发生。

三、促进农机工业发展的主要任务

（十）推进农机工业行业改革。坚持市场化改革的导向，鼓励和引导农机制造企业优化产权结构，建立产权明晰、权责明确、管理科学的现代企业制度，强化农机制造企业的市场主体地位。抓紧研究制定农机工业产业政策，建立农机行业准入制度和市场退出机制，整顿行业秩序，优化产业结构，逐步淘汰落后产能，杜绝低水平重复制造。鼓励农机制造企业战略重组，加快集团化、集约化进程，形成若干个具有先进制造水平和较强竞争力的大型企业集团和产业集群。完善产业组织结构，形成以大型企业为龙头、中小企业相配套的产业体系和产业集群，提升产业集中度和专业化分工协作水平。鼓励中小企业走专业化、科技型发展道路，提高企业竞争实力。建立健全农机科研联合协作机制，改革农机科研立项和业绩评价机制，打破区域和学科界限，将解决农业机械化实际需求作为科研首要目标和科技成果评价标准，提高农机科研整体水平。

（十一）着力解决农机产品结构性矛盾。优化农机产品结构，改变目前高端产品不足、低端产品过剩，大马力拖拉机进口依存度高、小型农机质量差的局面。要从家庭承包经营、户均土地规模小的国情出发，在开发大型农机的同时，积极发展适合家庭经营需要的中小型、轻简化农机，形成适应我国不同地区经济水平、高中低端产品共同发展的格局。鼓励农机主机生产企业由单机制造为主向成套装备集成为主转变，积极开发生产高效节能环保、多功能、智能化、经济型农机，重点突破水稻插秧、玉米收获、油菜种植和收获机械，以及节水灌溉设备等瓶颈，优先发展100马力以上大型拖拉机、50～70马力节能环保型水田拖拉机、高地隙拖拉机、多功能谷物联合收割机、玉米收获机、甘蔗收获机、棉花收获机、大中型动力机械配套机具、高效植保机械、高效节能机泵设备、节水灌溉设备、小型抗旱排涝机械、适合丘陵山区使用的小型机械等。加快农业清淤设备研究开发。

（十二）增强农机工业科技创新能力。坚持自主开发和引进、消化、吸收、再创新相结合的发展道路，建立以企业为主体、市场为导向、产学研相结合的农机工业技术创新体系。围绕大马力拖拉机、多功能收割机、高效节能大中型水泵、喷灌机等重大产品开发，加快产业升级和产品更新换代；围绕发动机、传动、电控、液压等核心部件研发，增强农机工业自主创新和核心竞争力；围绕科研手段和条件改善，提升农机新技术和新产品开发、试验试制能力；围绕科研机制创新，支持重点企业技术进步，带动行业发展。依托农机制造企业和科研院所，抓紧建设拖拉机、多功能收割机等重点农机产品开发企业技术中心，以及公益性的农机重大、关键、共性技术实验室和工程中心，凝聚优秀研发人才，加快急需的关键性农机和重大共性技术研发，集中力量攻克困扰产业发展的工艺材料、基础部件、关键作业装置等技术瓶颈，形成一批具有自主知识产权的核心技术成果。新技术和新产品的开发要充分考虑农作物品种、耕作制度和经营体系的需要，提高农机的适用性。支持高等院校加强农机工程学科建设，强化农机工程基础教育。完善农机培训体系，利用中等职业学校，加强农机制造等专业实用人才培养。

（十三）提升农机工业制造水平和产品质量。加大农机制造企业技术改造力度，改善企业研发和生产条件，应用精密成型、智能数控等先进加工装备和柔性制造、敏捷制造等先进制造技术，提高农机制造工艺及装备水平。完善农机产品质量标准体系，加快制（修）订农机产品技术标准，实现动力机械与配套农具、主机与配件的标准化、系列化和通用化开发生产。加快新技术、新工艺、新设备和新材料应用，提高关键零部件加工精度，提升农机产品质量，逐步淘汰消耗高、污染重、技术落后的工艺和产品。强化企业质量和社会责任意识，进一步完善企业质量保证体系，加强外购零部件的检测和可靠性分析，规范新产品和新技术鉴定验收工作。建立农机制造企业质量监督检查制度，组织开展产品质量抽检。加强生产技术工人培训，提高工人使用现代化机械加工设备的能力，不断提升企业制造水平和产品质量。

(十四)构建现代农机流通体系。建立健全农机制造企业品牌营销网络、专业农机流通企业销售网络相结合的新型农机市场体系。实施农机流通服务品牌工程,优化市场布局,发展连锁经营,培育一批辐射面广、服务质量好的大型农机流通企业、品牌农机店和区域性农机市场,健全农机零配件供应网络,提高农机产品流通效率,方便农民购机。建立农机产品售后服务体系和信息服务平台,依托重点生产企业、专业流通企业建立售后服务中心,提高服务能力。完善农机产品“三包”制度,健全和规范农机修理市场,明确产品售后维修责任,规范服务程序,提高维修能力和服务质量。

(十五)扩大农机工业国际合作。鼓励大型农机制造企业与国外合作开发和建立技术研究中心,提升核心技术、关键部件的研究开发能力。通过与国外企业合资、合作生产等方式,积极引进国外先进技术,逐步降低高端产品进口依赖程度。吸引海外科技人才加入我国农机行业,加快动力机械、配套机具研发制造人才的引进,增加技术储备,培养一批具有创新能力的人才和团队,提高农机产品开发、制造和管理水平。实施农机装备“走出去”战略,大力开拓国际市场,鼓励企业参与对外援助和国际合作项目,扩大优势农机产品出口,引导有条件的农机制造企业到国外投资办厂。

四、加大政策扶持力度

(十六)加大财政支持力度。继续实施农机购置补贴政策,合理确定补贴资金规模,并向粮食主产区、非主产区产粮大县,以及农民专业合作社等倾斜。适当支持适宜地区购置国内尚不能批量制造的大马力拖拉机、大型喷灌机等农机。逐步加大农业机械化重大技术推广支持力度。在适宜地区实施保护性耕作、节水灌溉、深松整地、秸秆还田、高效植保等农机作业补贴试点。积极开展农机保险业务,有条件的地方可对参保农机给予保费补贴。中央财政要加大投入力度,支持农机工业技术创新能力建设、科技成果产业化以及技术和智力引进。国家技术改造投资要对农机工业技术改造给予倾斜和重点扶持,地方政府也要按照一定比例落实配套资金。

(十七)完善农机购置补贴制度。按照科学、公开、公平、高效的原则,完善农机购置补贴管理办法,合理确定补贴产品种类,及时公布年度实施方案和补贴资金等,提高政策实施的透明度和公平性。简化农机购置补贴审批程序,改进审批方式,缩短审批时间。完善经销商管理制度,在由企业推荐经销商的基础上,严格经销商资格审查,将售后服务能力作为选择经销商的重要标准。严禁农机化事业单位通过成立公司等手段经销补贴产品。进一步扩大省级自选补贴产品的品种范围,满足不同区域和不同层次购机需求。缩短补贴资金结算时限,增加结算频次,加快企业资金回笼速度。加强监管,安排专门机构受理农民投诉,严肃查处倒卖补贴指标和补贴产品、套取补贴资金、借补贴之机乱涨价和乱收费等违规行为。保障农民选择权和议价权,允许农民对实行统一定额补贴的同一种类、同一档次产品在本省范围内跨县自主购机,允许农民在签订购机协议后调换机型。

(十八)加强和改进金融服务。进一步加大对农民和农机服务组织的信贷扶持力度,创新金融产品和服务方式,扩大购机信贷规模,积极满足合理信贷资金需求,做好融资支持和配套金融服务。在保障信贷资金安全的前提下,积极推动农机抵押贷款业务,合理审慎确定抵押率,采取灵活的贷款期限与还款方式,为农民和农机服务组织多元化融资提供便利。对符合产业政策和信贷原则的农机制造企业技术改造、新产品开发和农机流通设施建设,给予信贷支持。中小农机制造企业可享受国家扶持中小企业发展的相关政策。创新型企业试点向农机制造企业倾斜,加大支持力度。

(十九)切实落实税费优惠政策。继续免征农机机耕和排灌服务营业税、农机作业和维修服务项目的企业所得税。继续对跨区作业的联合收割机、运输联合收割机(包括插秧机)的车辆免收车辆通行费。进一步落实关于企业研发投入税前扣除政策。对生产国家支持发展的新型、大马力农机装备和产品,确有必要进口的关键零部件及原材料,免征关税和进口环节增值税。属于国家重点扶持高新技术企业中的农机制造企业,按照企业所得税法的规定,减按15%的税率征收企业所得税。按照现行规定对批发和零售的农机实行免征增值税政策。

(二十)支持基础设施建设。将基层农业机械化推广体系、机耕道路、排灌及抗旱设施等建设内容纳入相应规划,与规划内的项目同步实施。抓紧实施保护性耕作工程建设规划,落实年度建设投资。实施农业机械化推进工程,加大对农机安全监理、农机推广鉴定等公益性设施建设的支持力度,增强农业机械化公共服务能力。在规划、用地等方面积极支持农机合作社建设农机停放场(库、棚),改善农机保养条件。将农机科研开发基础设施建设纳入国家工程(技术)实验室、国家工程研究中心、国家级企业技术中心等项目建设范围,加大投资支持力度,在高新技术产业化示范项目安排中,对农机科研新技术和新产品予以倾斜。将农机流通纳入农村市场体系建设规划,加强现代农机流通体系建设,支持农机销售市场、配送中心电子统一结算、信息采集发布系统和区域性售后维修服务中心等农机流通基础设施建设。

五、加强组织领导

(二十一)明确部门分工。有关部门要高度重视促进农业机械化和农机工业发展工作,按照职责分工,密切配合,加强指导。农业机械化主管部门要认真履行规划指导、监督管理、协调服务职能,做好技术推广、生产组织、安全监理等工作,抓紧修订农业机械化统计指标体系,会同有关部门提出有关法律法规的修订意见、农机推广目录和补贴产品种类。农机工业主管部门要认真履行农机工业行业管理职能,加快制定农机工业发展规划、产业政策和行业准入办法,抓好产品质量管理。水利部门要做好灌排设备更新改造规划,推广普及节水灌溉设备,协助农机工业主管部门做好大型灌排设备研发工作。发展改革部门要落实扶持农业机械化和农机工业发展的基本建设投资。财政部门要落实扶持农业机械化和农机工业发展的资金,加强农机购置补贴政策实施的监管。商务部门要加强对农机流通行业的指导,加快农机流通体系建设。科技部门要加大对农业机械化和农机工业科研开发支持力度。银行业和保险业监管部门要督促银行业金融机构和保险公司积极开展农机信贷、保险业务。其他部门也要根据职责积极支持农业机械化和农机工业发展。有关行业协会要当好政府与企业、农户的桥梁,充分发挥协调、服务、维权、自律的作用。

(二十二)落实地方政府责任。地方各级人民政府要统一思想,提高认识,把发展农业机械化和农机工业提上重要议事日程。深入学习宣传和贯彻实施《中华人民共和国农业机械化促进法》《农业机械安全监督管理条例》等有关法律法规,不断提高依法促进农业机械化发展的能力和水平。建立工作责任制,结合本地情况,制定发展规划,明确发展目标，加强组织协调和相关机构队伍建设，充实力量，改善工作条件，保障工作经费，切实解决农机科研、生产、流通、推广应用、社会化服务等方面存在的突出问题，扎实推进本地区农业机械化和农机工业又好又快发展。

国务院

二〇一〇年七月五日

农业部关于加强农业机械化技术推广工作的意见

农机发[2012]3号

各省、自治区、直辖市及计划单列市农机(农业、农牧)局(厅、委、办),新疆生产建设兵团农业局,黑龙江省农垦总局:

为认真贯彻实施新修订的《中华人民共和国农业技术推广法》(以下简称《推广法》),深入贯彻落实中央一号文件有关政策措施,进一步加强农业机械化技术推广工作,促进农业机械化技术普及应用,强化对建设现代农业的支撑,现提出如下意见。

一、深刻认识加强农业机械化技术推广工作的重要意义

近些年来,我国农机化技术推广工作稳步推进,农业机械化技术集成创新,先进适用技术加快应用,技术领域进一步拓展,推广机制不断创新,为促进农业机械化又好又快发展、保障国家粮食安全、促进农民增收、建设现代农业做出了积极贡献。

当前,我国农业发展进入了由传统农业向现代农业转变的关键时期,农业机械化正处在加快发展、改善结构、提升质量、拓宽领域的重要阶段。农业机械化技术推广工作面临着新形势、新任务和新要求。农业机械是农业科技的物化载体,农业机械化技术推广是农业技术推广的重要组成部分,是加快农业发展方式转变的重要力量。加强农业机械化技术推广工作有利于实现农机农艺融合、农机化与信息化融合、加快构建高产、优质、高效、生态、安全农业技术体系;有利于加快推广农机化先进适用技术,不断提高土地产出率、资源利用率、劳动生产率;有利于增强农业综合生产能力、抗风险能力和市场竞争力,促进农业稳定发展和农民持续增收。加强农业机械化技术推广工作不仅关系到农业机械化发展的速度和质量,而且关系到农业现代化的进程。

各级农业机械化主管部门和农业机械化技术推广机构要认真实施《推广法》,深入贯彻落实中央一号文件精神,充分认识加强农业机械化技术推广工作的重要意义,进一步增强紧迫感、责任感和使命感,充分发挥农业机械化在推动农业技术集成、节本增效、推动规模经营等方面的重要作用,为农业现代化提供有力支撑。

二、进一步明确农业机械化技术推广工作的指导思想、基本原则和总体目标

(一)指导思想

更加自觉地深入贯彻落实科学发展观,紧紧围绕粮食等主要农产品有效供给、农民持续增收和农业可持续发展的战略需求,以加快农机化发展方式转变为主线,以促进农机与农艺融合、农机化与信息化融合为着力点,切实贯彻落实有关法律法规和政策,强化国家农业机械化技术推广机构公益性职能,加强推广体系建设、人才队伍建设、设施条件建设和推广工作规范化建设,提升推广服务能力和效率,加快以增产增效型、资源节约型、环境友好型为重点的农机化技术普及应用,为推进农业机械化又好又快发展和建设现代农业提供强有力的科技支撑。

(二)基本原则

——坚持政府主导,社会参与。实行公益性推广与经营性推广分类管理,明确国家农业机械化技术推广机构的公益性定位,充分发挥市场机制作用,广泛吸引科研、教学、企业、社会经济组织和个人等多种社会力量投身农业机械化技术推广事业。

——坚持试验示范,农民自愿。试验先行,加大试验力度,确保技术先进、适用和安全,维护农民利益。尊重农民意愿,维护农民选择和应用技术的自主权。通过典型示范,政策引导,广泛开展宣传和培训,调动农民应用技术的积极性。

——坚持机制创新,提高效率。创新完善机制,推动农机与农艺技术融合,农机化与信息化融合,技术推广与经营方式协调发展。鼓励运用现代信息技术等先进手段创新农业机械化技术推广方式方法,提高推广效率。

——坚持因地制宜,注重效益。根据不同区域的自然禀赋、耕作制度和经济条件,采取适宜的技术路线。兼顾社会效益、经济效益,注重生态效益,促进农业可持续发展和农民持续增收。

——坚持突出重点,全面推进。选好重点区域,抓住薄弱环节,把握主推技术,集中优势资源,扶强带弱。尊重农业机械化技术推广规律,以点带面,促进全面发展。

(三)总体目标

“十二五”农机化技术推广工作的总体目标是:农机化技术推广体系进一步完善,推广服务能力明显增强,人才队伍建设取得新成效,增产增效型、资源节约型、环境友好型农业机械化技术得到大面积推广,粮棉油糖等大宗农作物机械化薄弱环节实现明显突破,先进适用、技术成熟、安全可靠、节能环保、服务到位的农机装备广泛应用,装备结构明显改善,为农业机械化又好又快发展提供有力的技术和装备保障。

三、积极推进农业机械化技术推广体系建设

(一)强化机构建设。强化主体,依法确立推广机构的公共服务性质,明确公益性职责,因地制宜地建立健全县、乡镇或区域国家推广机构,确定机构人员编制,按规定的比例设置专业技术人员岗位。实行乡镇推广机构以县级推广部门管理为主或以乡级政府管理为主、县级推广部门业务指导的管理体制,加快建立起机构健全、职责明确、运行高效、服务到位的农业机械化技术推广机构。

(二)强化队伍建设。加强与有关部门沟通协调,落实推广机构人员编制数量和结构比例,健全完善队伍。全面推进人员聘用管理,明确上岗条件和人员进出考评机制,实施基层农技推广特岗计划,鼓励和引导农科大学生从事基层推广工作,不断优化队伍结构。广泛开展学历提升教育、分层分类定期培训、实施好万名农技推广骨干培养工程,不断更新知识、提升素质。

(三)强化条件建设。制定基层农业机械化技术推广机构建设规划,落实中央一号文件关于农业技术推广机构条件建设项目覆盖全部乡镇等政策措施,加强基层推广机构办公条件、设施设备、试验示范基地等建设,着力提升基层农机推广机构条件能力,确保农业机械化技术推广人员工作有场所、服务有手段、下乡有工具,为广大农民提供及时、便捷、高效的服务。

(四)强化多元服务。适应现代农业发展进程中农民多领域、多样化、全方位的服务需求,完善制度措施,引导科研教学单位成为公益性技术推广的重要力量,深入基层开展技术指导咨询服务,解决农业生产一线的实际问题。发挥农机专业合作社、农机企业、群众性农机科技组织及其他社会力量的推广作用,多渠道为农民提供各种形式的农业产前、前中、产后全程服务，提高农民应用技术的组织化程度。

四、大力推广农业机械化先进适用技术和装备

（一）加强示范区建设。科学规划，合理布局，建立试验示范基地。集中人力、物力、财力，把示范区建成方便试验、具备示范、利于宣传的基地。建立完善农业机械化技术先进性、适用性和安全性等试验评价的方法，为开展试验示范提供支持。

（二）强化试验示范。立足农业生产实际需要，选择引进技术，认真组织试验，探索适合当地机械化生产的工艺流程、技术模式，确定主推作物品种、农机化技术和成熟机型。广泛布点示范，展示示范效果，以点带面，引导农民自觉应用。

（三）注重培训指导。通过培训，使基层农业机械化技术推广人员掌握技术要点、学会技术推广方法，指导农民掌握技术要领、正确操作使用机具。发挥专家、技术推广骨干作用，及时提供技术咨询服务，解决农民疑难问题，加快农业机械化技术普及应用。

（四）实行全面推进。以主要粮食作物关键环节为重点，加强技术集成示范，加快实现瓶颈技术突破。围绕优势农产品区域布局，因地制宜推广重点环节机械化技术，加快提升经济作物、畜牧水产养殖业、林果业、草业、种业、农产品初加工业、设施农业和农业废弃物综合利用机械化水平。

五、不断创新完善农业机械化技术推广机制

（一）创新完善协作机制。突出“一主多元”整体作用发挥，运用行政工作协调、重大项目集聚、市场机制引导等有效手段，努力打破部门、地域、单位界限，统筹配置农机化技术推广服务资源，推进国家农机推广机构、农机科研教学单位、农机专业合作社、农机企业在农业机械化技术推广中联合协作，形成产学研推紧密结合、公益性推广与经营性推广优势互补、专项服务与综合性服务良性互动的农机化技术推广工作新机制。

（二）创新完善运行机制。建立完善工作责任制度，将法定的推广服务职能细化落实到每个岗位人员，明确服务对象、服务内容、服务时间和服务要求。建立完善工作考评制度，以机构职能、岗位职责、工作目标、工作实绩等为依据，量化考核指标，制定考核办法，加强对机构和人员的考评。建立完善激励制度，将推广人员的考评结果作为绩效工资兑现、职务职称晋升和聘任、续签聘任合同、调整岗位、技术指导员补助、学历提升、知识更新培训和评先评优的主要依据。

(三)创新推广服务方式。充分利用现代信息技术、人工智能技术,通过广播、电视、网络、农机 110、手机短信等现代服务手段,不断探索建立高效、便捷、实用的农业机械化技术推广服务信息平台,推进技术服务信息化、农机化与信息化融合,提高推广服务效率,促进先进农业机械化科研成果和实用技术快速转化应用,尽快形成生产力。

六、切实加强农业机械化技术推广工作的组织领导

(一)摆上重要位置,落实工作责任。各级农业机械化主管部门要切实加强农业机械化技术推广工作的领导,把推广工作纳入农业机械化工作绩效考核指标体系,并将条件能力建设纳入当地农业机械化发展和经济社会发展的总体规划,科学谋划,强化措施,抓出成效。各地农业机械化主管部门要结合本地实际,认真研究提出加强农业机械化技术推广工作的指导意见,充分发挥农业机械化技术推广机构的技术支撑作用。农业机械化鉴定、监理、培训等机构要根据各自职责,与农业机械化技术推广机构密切配合,共同促进农业机械化技术推广工作。各级农业机械化推广机构要围绕全面履行职责,切实加强自身建设,落实工作责任。

(二)落实政策法规,完善保障措施。要认真贯彻《农业机械化促进法》《农业技术推广法》《国务院关于促进农业机械化和农机工业又好又快发展的意见》,制定相配套的地方性法规或实施办法,促进各项农业机械化科技创新、技术推广及体系建设扶持政策措施的落实。要积极协调落实中央一号文件提出的“一个衔接、两个覆盖”政策,改善基层人员待遇水平和工作条件。要依法保障推广人员的合法权益,调动推广人员的积极性。充分发挥农机购置补贴的调控作用,把实施农机购置补贴政策与农业机械化技术推广工作紧密结合,优先保证重点和薄弱环节作业机械购置补贴。积极推动扩大农机作业补贴范围,加大技术推广应用补助力度,调动农民应用先进农业机械化技术的积极性。

(三)加大资金投入,强化项目带动。要积极协商、落实农业机械化技术推广机构人员经费和工作经费,加强基层推广机构条件建设,确保推广工作正常运转。要科学谋划项目,发挥项目带动作用,促进农业机械化科

技创新、示范推广条件改善和技术应用。要加强农业装备自主创新重大项目的科学论证和立项工作，着力研制适合农业生产需要的农业装备，突破农业机械化技术瓶颈。实施好农业技术试验示范专项（农机）经费项目、保护性耕作工程建设规划项目、阳光工程农机培训项目，不断加大农业机械化技术推广投入。依托实施农业机械化推进工程，加强农业机械化技术推广服务设施建设，提高农业机械化技术推广公共服务能力。

（四）加强信息宣传，营造良好环境。要加强农业机械化和农业机械化技术推广工作宣传，宣传发展农业机械化对建设现代农业，转变农业发展方式的重大意义，宣传农业机械化技术推广工作的重要作用，取得各级政府、有关部门及社会各界的关心和支持，营造农业机械化发展良好的社会氛围。要充分利用广播、电视、报刊、网络等媒体，以群众喜闻乐见的形式，大力宣传农业机械化新技术新装备。要积极宣传模范农机推广人物的事迹，弘扬为民、务实、清廉的优良作风，展示农机人的风采。要加强调查研究，善于发现新典型，总结新经验，推广好做法，充分发挥典型引路的作用，不断提高农业机械化技术推广工作水平。

农业部

2012 年 11 月 28 日

广西壮族自治区人民政府办公厅关于印发《关于加强基层农业技术推广体系建设实施方案》的通知

桂政办发〔2012〕268号

各市、县人民政府，自治区农垦局，自治区人民政府各组成部门、各直属机构：

《关于加强基层农业技术推广体系建设的实施方案》已经自治区人民政府同意，现印发给你们，请认真组织实施。

广西壮族自治区人民政府办公厅

2012年10月25日

关于加强基层农业技术推广体系建设的实施方案

为贯彻落实《自治区党委办公厅 自治区人民政府办公厅印发〈关于深化科技体制改革加快广西创新体系建设的实施意见〉的通知》(桂办发〔2012〕41号)精神，加强我区基层农业技术推广体系建设，提高基层农业技术推广公共服务能力，促进我区“三农”工作又好又快发展，特制定本实施方案。

一、总体目标

立足我区粮食安全，以满足农民的科技需求为出发点，以服务农民的成效为检验标准，理顺乡镇农业技术推广机构(包括农业、林业、水利、水产畜牧、农机等部门)管理体制，全面推行“县乡共管、以县为主”管理模式，切实加强县级农业行政主管部门对乡镇农业技术推广机构的管理和指导，建立健全运行高效、服务到位、支撑有力、农民满意的基层农业技术推广机构，发挥基层农技推广体系在农业技术推广中的主导作用。

二、主要任务

(一)推行人员聘用制。按岗位职责要求，根据按需设岗、竞争上岗、按岗聘用原则，开展竞争上岗、择优聘用，选拔优秀专业技术人员进入农技推广队伍，签订聘用合同，明确责任与义务，根据合约考评农技推广人员。要建立健全激励机制，将农技推广人员的收入与岗位职责、工作业绩挂钩，确保基层农技人员的浮动工资政策落到实处，确保基层农技人员工资收入与当地事业单位人员工资收入平均水平相统一。（自治区人力资源社会保障厅牵头负责，自治区财政、农业、林业、水利、水产畜牧、农机等部门配合）

（二）保障推广工作经费。各级财政要将人员经费、推广工作经费纳入地方财政预算，并随着财政收入的增长而相应增加，切实保护基层农技推广机构履行公益性职能所需资金的有效供给。（自治区财政厅牵头负责）

（三）创新工作制度。创新农业技术推广工作制度，充分发挥专业合作社、涉农企业、专业服务组织、科研教学单位在农业技术推广中的主体作用，满足农民多层次、多领域、多形式的服务需要。进一步完善“包村联户”的工作制度和“专家＋农技人员＋科技示范户＋辐射带动户”的技术服务模式，实现农技人员与农民的零距离互动。（各级农业、林业、水利、水产畜牧、农机、科技等部门按各自职能分别负责）

（四）健全考评机制。建立乡镇农技人员考核由县级农业行政主管部门牵头组织，由主管部门、所在乡镇政府和服务对象三方共同考核机制。以聘任合同、年度工作目标作为考评依据，制定考核办法并向社会公开，接受社会监督，做到公开公正。建立服务承诺制和首问责任制，实行责任追究。（各级农业、林业、水利、水产畜牧、农机等部门按各自职能分别负责）

（五）实施基层农技人员能力提升工程。将基层农技人员知识更新作为基层农技推广体系建设的重要工作来抓，形成制度化、常态化的培训机制。通过异地研修，市、县集中办班和现场考察实训等方式，开展农技人员培训，累计5～7天，每3年实现农技人员轮训一次。（各级农业、林业、水利、水产畜牧、农机等部门按各自职能分别负责，人力资源社会保障、财政等部门配合）

（六）落实推广机构条件建设。按照农技推广、林业技术推广、水产畜牧技术推广与动物疫病防控、水利技术推广、电机化技术推广与农机管理、农产品质量安全、植物疫病防控工作的需要，加强推进乡镇推广机构条件建设。重点落实好规划、土地、准建审批、配套资金。（自治区发展改革委牵头负责，自治区财政、国土资源、建设、农业、林业、水利、水产畜牧、农机等部门配合）

三、组织实施

深化基层农技推广体系建设，时限为1年，要求2013年8月底前完成。

分三个阶段进行。

（一）启动阶段（2012 年 8 月至 2012 年 10 月）。各地开展调研，摸清本地基层农技推广体系建设现状，提出本市基层农技推广体系建设方案，报同级人民政府。

（二）审批阶段（2012 年 11 月至 2012 年 12 月）。各市人民政府对本市基层农技推广体系建设方案进行讨论、征求意见，并报自治区人民政府审批。

（三）实施、督查验收阶段（2013 年 6 月）。各地根据审批的实施方案，落实各环节工作，自治区人民政府 2013 年 6 月组织有关部门对各市相关工作落实进行验收。

四、保障措施

（一）切实加强领导。各地成立由政府领导为组长，编制、人力资源社会保障、财政、发展改革、国土资源、建设、农业、林业、水利、农机等部门负责人为成员的工作领导小组，统筹协调组织开展工作。

（二）加强部门协调。各有关部门要增强大局意识、责任意识，相互配合，统筹协调，形成合力，共同推进。各级农业、林业、水利、水产畜牧、农机等部门要增强主动意识，争取支持，积极工作。各级编制、人力资源社会保障、财政、发展改革、科技、国土资源、建设等部门要切实做好机构编制、人员安排、财政保障、基本建设、科技项目支持等工作。

（三）积极稳步推进。各地要从维护社会稳定的大局出发，加强舆论宣传，切实做好思想政治工作，引导基层农技推广人员增强参与意识。要落实各项保障措施，妥善化解和处理各种矛盾。要严格组织纪律和规章制度，努力排除各种干扰因素，深化改革，强化建设，促进发展。

附件：

农产品质量安全建设项目列表

项目名称	计划布点数	建设内容
农产品质量安全监管体系建设	全区所有涉农乡镇，共1145个	药残留速测仪和肥料有效成分速测仪
	武鸣县、横县、宾阳县、上林县、马山县、隆安县、邕宁区、良庆区、柳江县、鹿寨县、三江侗族自治县、融安县、融水苗族自治县、柳南区、兴安县、全州县、灌阳县、阳朔县、恭城瑶族自治县、荔浦县、平乐县、灵川县、临桂县、龙胜各族自治县、永福县、资源县、秀峰区、七星区、叠彩区、象山区、雁山区、蒙山县、藤县、万秀区、长洲区、苍梧县、岑溪市、合浦县、海城区、银海区、铁山港区、港口区、东兴市、防城区、上思县、钦南区、钦北区、灵山县、浦北县、桂平市、平南县、港北区、港南区、覃塘区、兴业县、玉州区、福绵区、北流市、容县、陆川县、博白县、凌云县、乐业县、右江区、田阳县、田东县、平果县、那坡县、靖西县、德保县、田林县、西林县、隆林各族自治县、昭平县、八步区、钟山县、富川瑶族自治县、凤山县、金城江区、罗城仫佬族自治县、东兰县、天峨县、巴马瑶族自治县、都安瑶族自治县、大化瑶族自治县、环江毛南族自治县、南丹县、宜州市、兴宾区、忻城县、象州县、合山市、金秀瑶族自治县、武宣县、扶绥县、大新县、龙州县、宁明县、天等县、凭祥市共100个县(市、区)	抽样检测工具车，执法工具车
农业标准化示范市建设	贺州市、桂林市	农业标准化建设
农产品质量安全监管示范工程	田阳县、柳江县、藤县、富川瑶族自治县、右江区、田东县、八步区、扶绥县、平桂区、玉州区、宾阳县、宜州市、钦南区、岑溪市共14个县(市、区)；14个乡填(待定)	农产品质量安全监管示范工程

三、农机作业质量标准

(一)国家标准

中华人民共和国国家标准

GB/T 21015—2007

稻谷干燥技术规范

Technical specifications for paddy drying

2007-07-26 发布　　　　2007-12-01 实施

中华人民共和国国家质量监督检验检疫总局
中国国家标准化管理委员会　发布

前　言

本标准由中国机械工业联合会提出。

本标准由全国农业机械标准化技术委员会归口。

本标准起草单位:黑龙江省农副产品加工机械化研究所、中国农业机械化科学研究院、江苏省农业机械试验鉴定站。

本标准主要起草人:马忠财、应卫东、陈俊宝、毕吉福、刘炬、赵承圃。

本标准为首次制定。

稻谷干燥技术规范

1　**范围**

本标准规定了稻谷干燥基本要求、干燥技术要求、安全技术要求、干燥成品质量及检验。

本标准适用于批式循环粮食干燥机和连续式粮食干燥机(主要机型为顺流干燥机、横流干燥机、混流干燥机)干燥加工大米用稻谷。

2　**规范性引用文件**

下列文件中的条款通过本标准的引用面成为本标准的条款,凡是注日期的引用文件,其随后所有的修改单(不包括勘误表内容)或修订版均不适用于本标准,然而,鼓励根据本标准达成协议的各方研究是否可使用这些文件的最新版本。凡是不注日期的引用文件,其最新版本适用于本部分。

GB 1350　稻谷

GB/T 6970　粮食干燥机试验方法

GB/T 17891　优质稻谷

JB/T 10268　批式循环谷物干燥机

LS/T 3501.1　粮油加工机械通用技术条件 基本技术要求

3　**基本要求**

3.1　**原粮稻谷**

3.1.1　稻谷水分16%~25%,不同水分稻谷应分别储存,分别进行干燥,同一批干燥的稻谷水分不均匀度不大于2%。

3.1.2　干燥前需进行除芒(长芒稻谷)、清选,带芒率不大于15%,含杂率不大于2%,不得有长茎秆、麻袋绳、聚乙烯膜等异物。

3.1.3　其他质量指标应符合GB l350或GB/T 17891规定。

3.2　**干燥机**

3.2.1　干燥机应是符合GB/T 16714或JB/T 10268规定的合格产品。配套设备应符合LS/T 3501.1规定。

3.2.2　干燥机及配套设备(提升机、输送机,烘前仓、缓苏仓,烘后仓等)经调试运行,应能正常投入使用。

3.3　**人员**

3.3.1　干燥作业现场,控制室、热风炉房、化验室等岗位应配备固定人员。

3.3.2　操作人员及管理人员应通过专业培训，熟练掌握稻谷干燥技术规范及操作规程。

4　**干燥技术要求**

4.1　**干燥条件**

稻谷允许受热温度。一次降水幅度及干燥速率见表1。

表1　干燥条件

项　目	限　定　值
允许受热温度(℃)	≤40
一次降水幅度(%)	≤3
干燥速率(%)	≤0.8

4.2　**干燥工艺**

4.2.1　稻谷一般干燥工艺：预热→干燥→缓苏→冷却。

4.2.2　批式循环干燥机采用4.2.1规定工艺，干燥→缓苏应多次循环，可降到安全水分或规定水分。

4.2.3　顺流干燥机干燥工艺：

——稻谷子均每级降水幅度小于或等于1.0%，应采用4.2.1规定工艺；

——稻谷平均每级降水幅度大于1.0%，应采用二次或多次干燥。

注：平均每级降水幅度等于稻谷降水幅度除以顺流干燥机级数。

4.2.4　横流干燥机、混流干燥机干燥工艺：

——稻谷降水幅度小于或等于3%，应采用干燥→冷却工艺；

——稻谷降水幅度大于3%，应采用二次或多次干燥工艺，机外缓苏，最后一次干燥结束进行冷却。

4.2.5　环境温度小于或等于0℃，批式循环干燥机第一次循环干燥宜采用20～25℃热风进行预热。可预热的连续式干燥机宜采用20～25℃热风预热0.5 h。

4.3　**干燥工艺参数**

4.3.1　干燥稻谷热风温度推荐值见表2。

表 2　热风温度推荐值

机　型	热风温度(℃)
批式循环干燥机	45～50
顺流干燥机	65～75
横流干燥机	40～50
混流干燥机	45～55
注:环境温度≤10℃,稻谷水分>20%,宜使用下限温度	

4.3.2　冷却风温和出机粮温见表 3。

表 3　冷却风温和出机粮温

项目	环境温度(℃)	
	>0	≤0
冷却风湿	环境空气温度	环境空气温度
出机粮温(℃)	≤环境温度+5	≤8
注:环境温度≤0℃,宜在缓苏或烘后仓内储存 24h,再冷却		

5　安全技术要求

5.1　干燥机运行时,操作人员应远离或减少介入安全标志所警示的危险区和危险部位;严禁拆装安全保护装置及安全装置,严禁打开干燥机检修门;烘前仓、缓苏仓、烘后仓及干燥机储粮段不得进人。

5.2　高空处理故障应配备安全带及安全帽。

5.3　电气控制室应设专职人员操作管理,严格执行电气安全操作规程。

5.4　干燥机应按使用说明书要求定期停机,排空全部稻谷,清理机内及溜管内粉尘、茎秆等全部残存物。

5.5　热风炉提高输出热风温度不得超过额定输出热量时热风温度的15%,运行时间不得超过 2h。

5.6　发现热风管道内有火花,应立即关闭热风机,检查并消除火花来源。

5.7　发现干燥机排气中有烟或有烧焦的气味,应立刻采取如下措施:

——干燥机实施紧急停机,关闭所有风机及进风闸门;

——打开紧急排粮机构，排出机内稻谷及燃烧物；

——清理机内燃烧物残余，分析事故原因，消除隐患后方可开机。

6　干燥品质量及检验

6.1　干燥成品质量指标应符合表 4 规定。

表 4　干燥成品质量指标

<table>
<tr><th colspan="2">项　目</th><th>指标值</th></tr>
<tr><td colspan="2">水　分</td><td>安全水分或规定水分</td></tr>
<tr><td rowspan="2">干燥不均匀度(%)</td><td>降水幅度≤5%</td><td>≤1.0</td></tr>
<tr><td>降水幅度>5%</td><td>≤1.5</td></tr>
<tr><td colspan="2">发芽(生活力)率(%)</td><td>≥90</td></tr>
<tr><td colspan="2">色泽、气味</td><td>正常</td></tr>
<tr><td colspan="2">破碎率增加值(%)</td><td>≤0.3</td></tr>
<tr><td rowspan="2">重度裂纹率增加值(%)</td><td>降水幅度≤5%</td><td>≤3</td></tr>
<tr><td>降水幅度>5%</td><td>≤4</td></tr>
<tr><td colspan="2">苯并(a)芘增加值(μg/kg)</td><td>≤5</td></tr>
<tr><td colspan="3">注 1:发芽(生活力)率不低于干燥前稻谷发芽率的 90%
注 2:使用直接加热干燥机,应检验苯并(a)芘增加值</td></tr>
</table>

6.2　干燥成品质量指标检验按 GB/T 6970 规定执行。

(二)农业行业标准

中华人民共和国农业行业标准

NY/T 1534—2007

水稻工厂化育秧技术要求

Technical requirement for rice factory seedling nursing

2007-12-18 发布　　2008-03-01 实施

中华人民共和国农业部　发　布

前　言

本标准由中华人民共和国农业部提出。

本标准由全国农业机械标准化技术委员会农机化分技术委员会归口。

本标准起草单位：江苏省农业机械技术推广站。

本标准主要起草人：陈新、蒋永宁、袁钊和、曹明。

水稻工厂化育秧技术要求

1 范围

本标准规定了水稻工厂化育秧设备、作业质量指标和育秧技术要求。

本标准适用于机插毯状秧苗、钵体秧苗的工厂化育秧。

2 规范性引用文件

下列文件中的条款通过本标准的引用而成为本标准的条款。凡是注日期的引用文件，其随后所有的修改单(不包括勘误的内容)或修订版均不适用于本标准，然而，鼓励根据本标准达成协议的各方研究是否可使用这些文件的最新版本。凡是不注日期的引用文件，其最新版本适用于本标准。

GB/T 3543.4—1995 农作物种子检验规程 发芽试验

GB 4404.1—1996 粮食作物种子 禾谷类

GB 4455—2006 农业用聚乙烯吹塑棚膜

GB/T 6243—2003 水稻插秧机 试验方法

NY/T 390—2000 水稻育秧塑料钵体软盘

3 术语和定义

下列术语和定义适用于本标准。

3.1 **工厂化育秧** rice factory seedling nursing

在人工控制或部分人工控制的适宜秧苗生长环境下，按照规范的工艺流程进行机械化或半机械化育秧。

3.2 **秧床** ground for seedling nursing

指在棚内或露地放置秧盘进行绿化和炼苗的场地。

3.3 **脱盘** taking off the plastic tray

将软盘置于硬盘内，完成播种作业，然后将软盘连同秧块从硬盘中取出，脱放在秧床上的作业称为脱盘。

4 工艺流程

工厂化育秧按图1的工艺流程操作。

5 床土准备

5.1 采土

床土应为通气透水性好、无杂草(籽)、病菌少的轻黏壤土。

5.2 碎土筛土

床土应翻晒、粉碎并过筛。

5.3 pH 值

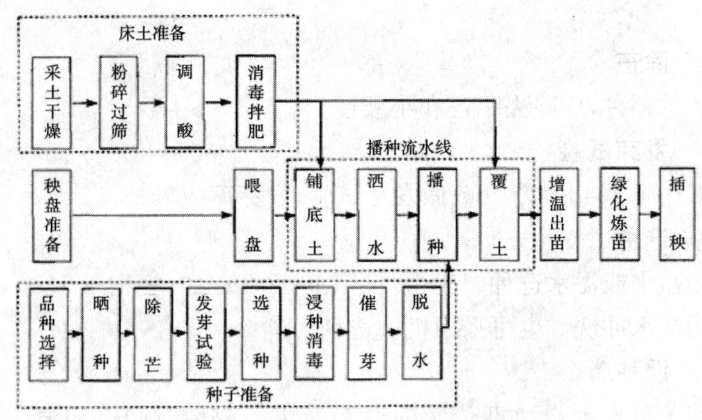

图 1 工厂化育秧工艺流程图

床土的 pH 值应为 5.5～7.0。一般采用硫酸进行调酸。

5.4 含水率

床土绝对含水率应≤10%。

5.5 消毒

采用敌克松等药剂进行消毒。用量视床土实际情况而定。

5.6 拌肥

应根据秧苗生育期间的养分需求,补充氮、磷、钾等肥料。调酸、消毒、拌肥可同时进行。

5.7 碎土、筛土机

碎土、筛土机所用土块直径应≤15cm,土壤绝对含水率≤15%,不应夹有石块、杂草、杂物。

5.8 碎土、筛土的作业质量

碎土、筛土后颗粒直径,毯状秧苗底土≤5mm,覆土≤2mm;钵体秧苗底土、覆土≤2mm。

6　**种子准备**

6.1　**品种选择**

选用生育期适宜、高产、多抗、优质、穗粒并重、适宜机插并经审定的品种。

6.2　**晒种**

在干燥的场地上，将种子翻晒2～3天。含水率符合GB 4404.1—1996要求。

6.3　**除芒**

有芒的稻种，应除去稻芒和小枝梗。

6.4　**发芽试验**

按GB/T 3543.4—1995做发芽试验，发芽率应≥85%。

6.5　**选种**

采用盐水或泥水选种。比重：籼稻1.08～1.10；粳稻1.13～1.16。选种后需用清水冲洗。也可采用机械选种。

6.6　**浸种消毒**

将种子浸入水与消毒药液的混合液中。浸种时间以积温表示，籼稻60℃，粳稻80℃。浸种消毒后需用清水冲洗。

6.7　**催芽**

稻种发芽最适宜温度为25～35℃，最高温度为42℃。催芽以90%以上种子破胸露白为标准。催芽方法因地制宜。

6.8　**脱水**

将种子于通风阴凉处摊晾4～6h，或用脱水机脱水，以芽谷含水率小于32%为标准。种子呈内湿外干、不粘手状态。

6.9　**除芒机**

为使稻种符合盘育秧播种机作业条件，需用除芒机去除芒及梗。除芒率≥95%，去梗率≥95%，破损率≤1.0%。

7　**秧床的准备**

用旋耕机旋耕后整平，适量施底肥，按盘的摆置方法确定秧床宽度。秧床间开沟，四周开排水沟。硬盘摆放在秧床后，要用力压盘，以保持盘底紧贴床面。在田间齐苗、绿化，要插秧床棚弓，覆盖塑料薄膜，或每隔30cm平放1根芦苇秆后平盖薄膜。膜上放适量稻草，保温遮光，注意适时揭膜，防止高温烧苗。北方在塑料大、中、小棚内绿化。

8　**育秧播种**

8.1 育秧播种设备

8.1.1　**硬盘**

硬盘用于毯状秧苗的培育，规格有 58cm×28cm（9 寸盘）和 58cm×22cm（7 寸盘）两种。

硬盘的规格及技术要求见表 1。

表 1　硬盘的规格及技术要求

类型		9 寸盘		7 寸盘	
基本规格		外形尺寸	内腔尺寸	外形尺寸	内腔尺寸
	长（mm）	600±1	580^{1}_{0}	600±1	580^{1}_{0}
	宽（mm）	300±1	280^{1}_{0}	240±1	220^{1}_{0}
	高（mm）	30±1	28±1	30±1	28±1
质量（g）		≥630		≥500	
适用插秧机行距（mm）		300		233	
渗水孔	孔径（mm）	φ4		φ4	
	数量（个）	1624		1176	
	孔间距（mm）	10×10		10×10	
强度要求	−20℃以下不开裂				
	−10℃时，从 1m 高处自由掉落硬地面不开裂				
	−5℃时，将秧盘置于硬地面，500g 钢球从 1m 高处自由坠落，分别冲击秧盘中部和四角，不开裂				
	38℃时，秧盘荷重 120kg 不变形				

8.1.2　**软盘**

软盘分毯状秧苗育秧软盘和钵体秧苗育秧软盘。将软盘置于硬盘内，完成播种作业，然后将软盘连同秧块从硬盘中取出，脱放在秧床上育秧。也可直接排放在秧床上育秧。

8.1.2.1　**毯状秧苗育秧软盘**

毯状秧苗育秧软盘的规格及技术要求见表 2。

表 2 毯状秧苗育秧软盘规格及技术要求

项目		技术指标
基本规格	内腔长(mm)	580±1
	内腔宽(mm)	280±1
	内腔高(mm)	28±1
	软盘的边框宽(mm)	≥5
壁厚(mm)		≥0.2
质量(g)		≥30
渗水孔	孔径(mm)	φ3～φ4
	孔数(个)	180～240
	破孔率(%)	≤1.5
	通孔率(%)	≥99.5
拉断力(N)		≥250
耐温性能		45℃恒温下持续 2h,不应软化变形
		−20℃低温下持续 2h,不应有脆裂痕

8.1.2.2 **钵体秧苗育秧软盘**

其规格及技术要求应符合 NY/T 390—2000 的规定。

8.1.3 **育秧播种机**

育秧播种机可以连续完成或部分完成秧盘输送、铺土、喷水、播种、覆土等作业过程。

8.1.3.1 **育秧播种作业条件**

育秧播种的床土应符合 5 的要求;种子应符合 6 的要求。

8.1.3.2 **育秧播种作业质量**

播种作业质量应符合表 3 指标。

表 3 播种作业质量指标

项目	毯状秧苗、钵体秧苗
均匀度合格率(%)	≥85
空穴率(%)	≤5

续表

项目	毯状秧苗、钵体秧苗
伤种率(%)	≤0.5
床土排量稳定性变异系数(%)	≤5,毯状秧苗
喷水量稳定性变异系数(%)	≤10
播种量调节范围	80～200g(干种,9寸盘) 钵苗每穴1～3粒(杂交稻)、3～5粒(常规稻)

8.2 **育秧播种作业**

8.2.1 **播种期的确定**

按气候条件、品种特性、腾茬时间、秧龄、插秧机效率等因素,确定播种期。

8.2.2 **底土厚度的确定**

秧盘内底土厚度为1.5～2cm。

8.2.3 **覆土厚度的确定**

播种后覆土厚度为0.3～0.5cm。

8.2.4 **洒水量的确定**

以秧盘底土淋透、土面不积水为准。

8.2.5 **播种量的确定**

根据秧龄长短、不同播期、本田基本苗、经济性等因素,确定播种量。

一般机插盘播种量(干种)$L=(A\times S\times Z)/(1\,000\times a\times f)$

式中:

L——盘播种量,单位为克(g);

A——秧盘面积,单位为平方厘米(cm^2);

S——农艺要求的每穴插秧株数,单位为株;

Z——千粒重,单位为克(g);

a——插秧机取秧面积,单位为平方厘米(cm^2),一般按平均取秧面积选取;

f——发芽率,单位为百分数(%)。

9 育秧管理

9.1 增温出苗(选择性作业)

从播种流水线下来的秧盘,进入出苗室。出苗的室温状态为:

秧盘进室$\xrightarrow[25\sim30h]{35\sim38℃}$出芽$\xrightarrow[6\sim8h]{30℃}$$\xrightarrow[6\sim8h]{25℃}$$\xrightarrow[6\sim8h]{停止加温}$秧盘出室(芽鞘长0.5~0.8cm)

当气温超过15℃时,可以不加温,在室内或室外叠盘,顶上和四周加盖塑料薄膜,48h后出盘。堆放出苗时,需注意避免高温烧苗。

9.2 绿化、炼苗

秧盘从出苗室移入育秧温室进行绿化,需3~5天。绿化后,应调节温度、湿度,使秧苗逐渐适应外界的自然条件。经炼苗,培育壮秧。

9.3 水浆管理

二叶一心前保持床土湿润。二叶一心后灌薄层水,任其自然落干,再灌水。移栽前1~2天脱水,使床土硬实成型,插前床土绝对含水率35%~45%。

9.4 追肥

追肥需看天、看土、看苗酌情施用。一叶一心期667m^{2}施5~6kg尿素。移栽前3天,667m^{2}施尿素5kg。

9.5 病、虫、草害防治

根据秧田病、虫、草害的实际情况,进行施药防治。

9.6 增温、增湿设备

增温、增湿采用空气加热和蒸汽加热两种方式,主要用于催芽。控温装置控温30~32℃,经48h,把温度降到25℃±1℃。

9.6.1 空气加热

取电加热线,在温室底部及四周均匀铺设,或使用电加热加湿器直接加热温室内空气。

9.6.2 蒸汽加热

利用锅炉、锅灶等设备烧水,形成蒸汽扩散至整个温室。亦可利用管道蒸汽通入温室加热。

9.6.3 控温仪

控温仪精度等级和工作环境要求见表4,应具备报警装置。

表 4　控温仪精度等级和工作环境

项　目	指标
控制温度(℃)	10～50
控制精度(℃)	±1
测温精度(℃)	±1
工作环境(℃)	−10～45

9.6.4　**农用薄膜**

其技术要求应符合 GB 4455—2006 规定。

10　**育秧播种性能的试验**

10.1　**播种均匀性测试**

按农艺要求的播量播种。用铺好底土的秧盘连续接取 5 盘，不覆土，每盘取样 5 点，每点 20 格。每格的测试面积为 12mm×11mm。每格的均匀度合格范围见表 5。数出每格内播种粒数，格内无种子为空穴，计算出平均值、空穴率和合格率。

表 5　均匀度合格范围

毯状苗、钵苗	
要求每格粒数(粒)	均匀度合格范围(粒)
2	1～3
3	2～5
4	2～6
5	3～7
6	3～9
7	4～10
8	5～11

10.2　**床土排量稳定性测试**

将床土调整到工作排量，连续接土 10 盘，不刷土，称每盘质量，计算平均值、标准差和变异系数。

10.3　**喷水量稳定性测试**

将喷水器调整到工作喷水量。用不漏的空秧盘连续接取 10 盘，称每盘水的质量，计算平均值、标准差和变异系数。

11　秧苗评价

11.1　抽样方法

在每批工厂化育秧苗中，沿秧床长度方向对边的中点连十字线，将秧床划成 4 块，随机选取对角的 2 块作为检测样本。

11.2　检测点秧盘的确定

从 2 块检测样本中随机取样 5 盘，进行测定。

11.3　评价标准

秧苗素质及形态指标按表 6、表 7 进行检测，与插秧机配套的育秧还需按 GB/T 6243—2003 的 5.2、5.3 条要求进行秧苗插前状态检测。

表 6　机插壮秧标准

苗形	秧龄 (d)	叶龄 (叶)	苗高 (cm)	百苗干质量 (g)	根数 (条/株)	根系盘结力 (N)
中苗	18～35	3.5～4.0	14～20	2 以上	10～15	58.8～78.4
小苗	15～25	2.5～3	10～14	1.5 以上	10 左右	53.9～73.5

表 7　钵苗壮秧标准

苗形	秧龄 (d)	叶龄 (叶)	苗高 (cm)	根数 (条/株)
双季早、晚稻	双早 20～30	3.5～4.5	13～17	12～16
	双晚 18～20			
中稻、单晚	15～20	3.0～3.4	12～15	8～12
北方中、大苗	中苗 30～35	3.1～4.0	15～17	9～11
	大苗 40～45	4.5～5.5	20～25	13～15

中华人民共和国农业行业标准

NY/T 989—2006

机动插秧机　作业质量

Operating quality of machine transplanter

2006-01-26 发布　　2006-04-01 实施

中华人民共和国农业部　发　布

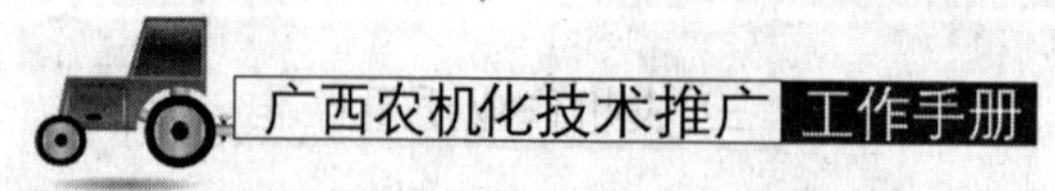

前　言

本标准由中华人民共和国农业部提出。

本标准由全国农业机械化技术委员会农机化分技术委员会归口。

本标准起草单位：天津市农业机械试验鉴定站，江苏省农业机械技术推广站。

本标准主要起草人：李纪周、贾军、朱新民、马拯胞、相俊红、庞俊杰。

机动插秧机 作业质量

1 范围

本标准规定了机动插秧机的作业质量指标、检测方法和检验规则。

本标准适用于以规格化水稻带土苗为对象的机动插秧机的作业质量评定。

2 规范性引用文件

下列文件中的条款通过本标准的引用而成为本标准的条款。凡是注日期的引用文件,其随后所有的修改单(不包括勘误的内容)或修订版均不适用于本标准,然而,鼓励根据本标准达成协议的各方研究是否可使用这些文件的最新版本。凡是不注日期的引用文件,其最新版本适用于本标准。

GB/T 5262—1985 农业机械试验条件 测定方法的一般规定

GB/T 6243—2003 水稻插秧机试验方法

3 术语和定义

下列术语和定义适用于本标准。

3.1 **带土苗** sold sprout

带有一定土层(包括人造土)的块状秧苗。

3.2 **苗高** sprout height

秧苗生根处至最长叶尖的长度。

3.3 **伤秧** harmful sprout

茎基部有折伤、刺伤和切断现象的秧苗。

3.4 **漂秧** floating sprout

插后漂浮在水(泥)面的秧苗。

3.5 **漏插** leaky thrust

机插后穴内无苗。

3.6 **均匀度** nom rate

所测各穴秧苗株数与其平均株数的接近程度。

3.7 **空格** blank grid

取样框放置在秧块上的无苗格。

3.8 **取秧深度** depth of take out the sprout

取秧器进入秧帘(秧门)的深度。

3.9　**移距** moving length

指每取一次秧，秧箱移动的距离。

3.10　**翻倒** upset

机插后整穴秧苗倒于田中，秧苗叶梢部与泥面接触。

3.11　**邻接行距** neighboring distance

邻接作业行程之间两行秧苗中心线的距离。

3.12　**插秧深度** depth of thrusting sprout

秧块上表面至田泥面的距离。秧块上表面高出泥面者，其深度为 0。

3.13　**田面高低差** different higher between field

插秧的田块中，最高处与最低处的水平高度差。

4　**作业质量指标**

4.1　**标准规定的作业质量指标值是按下列一般作业条件确定的。**

a. 土厚 15～25mm，苗高 80～250mm，叶龄 2.5～5 叶，秧根盘结，土块不松散，盘土宽比分格秧箱内档宽小 1～3mm，育秧用土须经过 4～5mm 孔筛过筛，不得有石块等异物。插前床土绝对含水率 35%～55%。

b. 插秧田块应泥碎田平，泥脚深不大于 300mm，水深 10～30mm，耙后沉淀按 GB/T 6243 规定的锥形穿透法测定，锥深为 60～100mm。

c. 田面高低差不大于 30mm，即田块灌水后，田块中无高出水面处，且水深不大于 30mm。

d. 秧块空格率小于 5%，插前均匀度合格率 85%以上。

4.2　**在一般作业条件下，机动插秧机的作业质量应符合表 1 的规定。**

表 1　作业质量指标

项　目	指　标
伤秧率(%)	≤4
漏插率(%)	≤5
相对均匀度合格率(%)	≥85
漂秧率(%)	≤3
翻倒率(%)	≤3
插秧深度合格率(%)	≥90
邻接行距合格率(%)	≥90

5　**检测方法**

5.1　**抽样方法**

沿地块长度及宽度方向对边的中点连十字线，将地块划成四块，随机选取对角的 2 块作为检测样本。

5.2　**检测点位置的确定**

采取 5 点法测定。从四个地角沿对角线，在 1/8～1/4 对角线长的范围内选定一个比例数后，算出距离，确定出 4 个检测点的位置，再加上某一对角线中点的一个检测点。

5.3　**检测方法**

5.3.1　**秧苗插前状态测定**

从待插秧苗中随机取样 5 盘，进行以下项目测定。

5.3.1.1　从每盘秧苗中随机取样 20 株，测定苗高，并测定每盘秧的土层厚。

5.3.1.2　床土绝对含水率

从待测秧盘中，各取床土不少于 20g，按 GB/T 5262—1985 中的 5.2.1 条测定。

5.3.1.3　插前均匀度合格率、空格率、秧苗密度的测定

按 GB/T 6243 中的 3.4.1.3 条款测定。

5.3.1.4　插前伤秧率测定

按 GB/T 6243－2003 中的 3.2.1 条测定。

5.3.2　**伤秧率、漂秧率、漏插率、相对均匀度合格率以及翻倒率测定**

按 GB/T 6243—2003 中的 3.2.2 和 3.4.2 条测定。

5.3.3　**邻接行距合格率测定**

采用 5 点法选取 5 个测区。在测区内连续测定 10 个邻接行的行距，以插秧机所插秧的标准行距 H 为标准，所测行距大于 0.8H 且不大于 1.2H 为合格。合格行距的个数占所测行距总个数的百分数为邻接行距合格率。

5.3.4　**插秧深度合格率测定**

在五个测区内每个测区取 100 穴，以当地农艺要求的插秧深度 h 为标准，所测插秧深度在(h±10)mm 为合格，合格插秧深度的穴数占所测插秧深度总穴数的百分数为插秧深度合格率。

6 检验规则

6.1 不合格项目分类

被检测的项目凡不符合本标准第 4 章要求的均称不合格，将检测项目按其对作业质量的影响程度分为 A、B 两类。不合格项目分类见表 2。

表 2 不合格项目分类

不合格分类		项 目
类	项	
A	1	漏插率
	2	相对均匀度合格率
B	1	伤秧率
	2	漂秧率
	3	翻倒率
	4	插秧深度合格率
	5	邻接行距合格率

6.2 判定规则

检测项目中，当 A 类项目全部合格，B 类项目少于等于 2 项次不合格时，作业质量合格；当 A 类项目出现不合格项次或 B 类项目出现 2 项次以上不合格时，作业质量不合格。

中华人民共和国农业行业标准

NY/T 995—2006

谷物(小麦)联合收获机械　作业质量

The work quality of corn(wheat) combine harvester

2006-01-26 发布　　2006-04-01 实施

中华人民共和国农业部　发　布

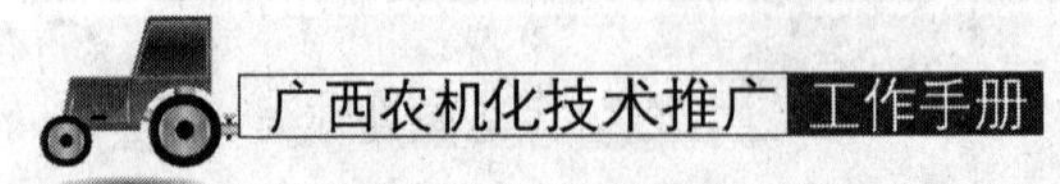

前　言

本标准由中华人民共和国农业部提出。

本标准由全国农业机械标准化技术委员会农机化分技术委员会归口。

本标准起草单位:农业部农产品加工机械设备质检中心(沈阳)。

本标准主要起草人:王荣祥、刘增强、董书权、辛凯。

谷物(小麦)联合收获机械　作业质量

1　范围

本标准规定了谷物(小麦)联合收获机械作业质量、检测方法和检验规则。

本标准适用于全喂入式、半喂入式和梳脱式谷物(小麦)联合收获机械作业质量的评定。

2　规范性引用文件

下列文件中的条款通过本标准的引用而成为本标准的条款。凡是注日期的引用文件,其随后所有的修改单(不包括勘误的内容)或修订版均不适用于本标准,然而,鼓励根据本标准达成协议的各方研究是否可使用这些文件的最新版本。凡是不注日期的引用文件,其最新版本适用于本标准。

GB/T 2828—1987　逐批检查计数抽样程序及抽样表(适用于连续批的检查)

GB/T 5262—1985　农业机械试验条件测定方法的一般规定

3　术语和定义

下列术语和定义适用于本标准。

3.1　**谷物联合收获** cereal (wheat) combine harvesting

用谷物联合收割机收获小麦、水稻,一次完成切割(脱粒)、脱粒(切割)、分离和清粮等项作业。

3.2　**还田茎秆** straws returning to field

将收获后的茎秆切碎后均匀地抛散到地面。

3.3　**损失率** total loss rate

谷物收获机械各部损失籽粒质量占籽粒总质量的百分率。

3.4　**破碎率** broken rate

谷物(小麦)联合收获时,因机械损伤而造成破裂、裂纹、破皮的籽粒质量占所收获籽粒总质量的百分率。

3.5　**含杂率** rate of chips/grasses - containing in grains

谷物联合收获,收获物所含非籽粒杂质质量占其总质量的百分率。

3.6 **割茬高度** stubble altitude

作物收获后，留在地块中的禾茬高度。

3.7 **作物倒伏程度** rate of lodging

用不倒伏、中等倒伏和严重倒伏表示。穗头根部和茎秆基部连线与地面垂直间夹角为倒伏角。0°～30°为不倒伏，30°～60°为中等倒伏，60°以上为严重倒伏。

3.8 **作物自然高度** natural height

作物在自然状态下，最高点至地面的距离。

3.9 **穗幅差** height difference of ears

最高和最低植株茎秆基部(地面起)至穗尖(芒长除外)的长度差。

3.10 **自然落粒** natural grain falling

作物在收获(割)之前掉落的籽粒和落穗。

3.11 **还田茎秆切碎合格率** rate of straws chopping to field

收获后茎秆切碎还田，切碎长度合格茎秆质量占还田茎秆总质量的百分率。

3.12 **还田茎秆抛散不均匀率** rate of unevenly spreading straw chips to field

茎秆切碎还田抛散的不均匀程度。

3.13 **污染** contamination

指由于机具漏油对籽粒、茎秆和土壤等造成的污染。

4 **作业质量指标**

4.1 本标准规定的作业质量指标值是按下列一般作业条件确定的：作业地块的条件应基本符合机具的作业适应范围，作业机手应经培训合格并有上岗证。收获应在小麦的蜡熟期或完熟期前进行。地块中应基本无自然落粒，作物不倒伏、地表无积水、小麦籽粒含水率为10%～20%。茎秆含水率为20%～30%。半喂入式和梳脱式联合收割机，要求小麦的自然高度为550～1 300mm，穗幅差≤250mm。

4.2 在一般作业条件下，谷物(小麦)联合收获机的作业质量应符合表1的规定。

表 1　作业质量指标

项　目	指　标		
	全喂入式	半喂入式	梳脱式
损失率(%)	≤2.0	≤3.0	≤3.5
破碎率(%)	≤2.0	≤1.0	≤2.5
含杂率(%)	≤2.5	≤3.0	≤4.5
	≤7.0[a]	≤15[a]	≤5.0[a]
还田茎秆切碎合格率(%)	≤90[b]		
还田茎秆抛散不均匀率(%)	≤10[a]		
割茬高度(mm)	≤180		
收获后地表状况	割茬高度一致,无漏割,地头地边处理合理		
污染	地块和收获物中无明显污染		

注:a. 适用于只有风扇清选无筛选机构的联合收割机;b. 仅适用于有茎秆切碎机构的联合收割机。

5　检测方法

5.1　抽样方法

沿地块长度方向对边的中点连十字线,将地块划成四块,随机选取对角的两块作为检测样本。

5.2　检测点位置的确定

采取五点法测定。从四个地角沿对角线,在 1/8～1/4 对角线长的范围内选定一个比例数后,算出距离,确定 4 个检测点的位置,再加上某一对角线的中点。

5.3　检测方法

收获作业前按 GB/T 5262—1985 中 6.5.1 的规定对样本地块进行田间调查,测取每平方米籽粒质量(g/m²)和每平方米自然落粒质量(g/m²)。

5.3.1　割茬高度

在样本地块内近似按五点法取样,注意避开田间调查的 5 个取样点。每点在割幅宽度方向上测定左、中、右 3 点的割茬高度,其平均值为该点处的割茬高度,求 5 点的平均值。

5.3.2　损失率

5.3.2.1　每个取样点处沿联合收割机前进方向选取有代表性的区域划取 $1m^2$ 取样区域，在取样区域内收集所有的籽粒和穗头，脱粒干净后称其质量，按式(1)、式(2)分别计算损失率，取 5 点损失率的平均值。

$$S_j = \frac{W_{sh} - W_z}{W_{ch}} \times 100 \cdots\cdots\cdots\cdots (1)$$

式中：

S_j—— 第 i 点取样点损失率，%；

W_{sh}—— 每平方米籽粒损失质量，g/m^2；

W_{ch}—— 每平方米籽粒质量，g/m^2；

W_z—— 每平方米自然落粒质量，g/m^2。

$$S = \frac{\Sigma S_j}{5} \cdots\cdots\cdots\cdots (2)$$

式中：

S——平均损失率，%。

5.3.2.2　作业质量评定在收获后进行时，则根据收获的作物质量和与其对应的地块面积测算每平方米籽粒质量(W_{ch})。

5.3.3　含杂率

5.3.3.1　在联合收获机正常作业过程中，从出粮口随机接样 5 次，每次不少于 2 000g，集中并充分混合，从中取出含杂样品 5 份，每份 1 000g，对样品进行清选处理，将其中的茎秆、颖糠及其他杂质清除后称质量，按式(3)、式(4)计算含杂率，取 5 份样品含杂率的平均值。

$$Z_z = \frac{W_z}{W_{zy}} \times 100 \cdots\cdots\cdots\cdots (3)$$

式中：

Z_z—— 第 i 个样品含杂率，%；

W_z—— 样品中杂质质量，g；

W_{zy}—— 含杂样品质量，g。

$$Z = \frac{\Sigma Z_z}{5} \cdots\cdots\cdots\cdots (4)$$

式中：

Z——含杂率，%。

5.3.3.2　作业质量评定在收获后进行时，则从收获物中随机抽取5份含杂样品。

5.3.4　破碎率

用四分法从样品处理后的籽粒中取出含破碎籽粒的样品5份，每份100g，挑选出其中的破碎籽粒并称量其质量，按式(5)、式(6)计算破碎率，取5份样品破碎率的平均值。

$$Z_{zp} = \frac{W_p}{W_{py}} \times 100 \cdots\cdots (5)$$

式中：

Z_{zp}——第i个样品破碎率，%；

W_p——样品中破碎籽粒质量，g；

W_{py}——含破碎籽粒样品的质量，g。

$$Z_p = \frac{\Sigma Z_{zp}}{5} \cdots\cdots (6)$$

式中：

Z_p——平均破碎率，%。

5.3.5　还田茎秆切碎合格率和还田茎秆抛散不均匀率

在每个取样点处选取$1m^2$的测试区域，并收集区域内所有的还田茎秆称其质量，再从中挑选出切碎长度大于15cm的不合格还田茎秆称其质量，按式(7)计算还田茎秆切碎合格率。按式(8)计算还田茎秆抛散不均匀率，求5点的平均值。

$$F_h = \frac{W_{jz} - W_{jb}}{W_{jz}} \times 100 \cdots\cdots (7)$$

式中：

F_h——还田茎秆切碎合格率，%；

W_{jz}——测点还田茎秆质量，g；

W_{jb}——测点不合格还田茎秆质量，g。

$$F_b = \frac{W_{max} - W_{min}}{W_{jz}} \times 100 \cdots\cdots (8)$$

式中：

F_b——还田茎秆抛散不均匀率，%；

W_{max}——测点还田茎秆质量最大值，g；

W_{min}—— 测点还田茎秆质量最小值，g；

W_{jz}—— 测点还田茎秆平均质量，g。

5.3.6　**收获后地表状况及污染情况**

用目测法观察收获后样本地块：割茬高度是否基本一致；是否有较大漏割地块、收获作物中有无由联合收割机造成的明显污染。

6　检验规则

6.1　不合格项目分类

被检测的项目凡不符合第 5 章要求的均称不合格，按照 GB 2828—1987 第 4.3 条的有关规定，将检测项目按其对作业质量的影响程度分为 A、B 两类。A 类为严重不合格，B 类为重要不合格。不合格分类见表 2。

表 2　不合格分类

不合格分类		项　目
类	项	
A	1	损失率
	2	破碎率
	3	收获物污染情况
B	1	含杂率
	2	还田茎秆切碎合格率
	3	还田茎秆抛散不均匀率
	4	割茬高度
	5	收获后地表状况
	6	地块污染情况

6.2　判定原则

按照 GB 2828—1987 第 4.4 和 4.8 条的有关规定，采用逐项考核、按类判定。抽样判定见表 3，表中 AQL 为质量合格水平，A_c 为合格判定数，R_e 为不合格判定数。

表 3　抽样判定

<table>
<tr><td>不合格分类</td><td>A</td><td>B</td></tr>
<tr><td>样本地块数</td><td colspan="2">2</td></tr>
<tr><td>项目数</td><td>3</td><td>6</td></tr>
<tr><td>检查水平</td><td colspan="2">S－1</td></tr>
<tr><td>样本字码</td><td colspan="2">A</td></tr>
<tr><td>AQL</td><td>6.5</td><td>25</td></tr>
<tr><td>A_c　R_e</td><td>0　1</td><td>1　2</td></tr>
</table>

中华人民共和国农业行业标准

NY/T 988—2006

稻谷干燥机械　作业质量

Operating quality for paddy dryer

2006-0-126 发布　　2006-04-01 实施

中华人民共和国农业部　发　布

前　言

本标准由中华人民共和国农业部提出。

本标准由全国农业机械标准化技术委员会农机化分技术委员会归口。

本标准起草单位：国家水田机械质量监督检验中心。

本标准主要起草人：王林力、吴文科、汪友祥、田自祥、龚洵迪。

稻谷干燥机械　作业质量

1　**范围**

本标准规定了稻谷干燥机械的作业质量指标、检测方法和检验规则。

本标准适用于分批干燥、连续干燥的稻谷干燥机械作业质量的评定。

2　**规范性引用文件**

下列文件中的条款通过本标准的引用而成为本标准的条款。凡是注日期的引用文件，其随后所有的修改单（不包括勘误的内容）或修订版均不适用于本标准，然而，鼓励根据本标准达成协议的各方研究是否可使用这些文件的最新版本。凡是不注日期的引用文件，其最新版本适用于本标准。

GB/T 3543.4—1995　农作物种子检验规程 发芽试验

GB/T 5492—1985　粮食油料检验 色泽、气味、口味鉴定法

GB/T 5497—1985　粮食油料检验 水分测定法

GB/T 6970—1986　粮食干燥机试验方法

3　**术语和定义**

下列术语和定义适用于本标准。

3.1　**爆腰率** pure crossbroking

爆腰籽粒数占供检籽粒数的百分率。

3.2　**破损率** percentage broken

破损籽粒（包括破壳、脱壳、破碎籽粒）质量占供检籽粒质量的百分率。

3.3　**含水率不均匀度** nonuniformity of water content

被检稻谷最大含水率与最小含水率之差。

3.4　**种子发芽率** seed percentage germination

在规定的条件和时间内长成完好幼苗数占供检种子数的百分率。

4　**作业条件**

4.1　稻谷的含杂率不大于3%，其中，茎秆（长度≤50mm）含量不超过0.2%，含水率不均匀度不大于3%。

4.2　稻谷中不应混有泥土、砂石、砖瓦块及其他物质。

4.3　稻谷中不应含有霉变、污染的籽粒。

4.4　稻谷种子的发芽率应符合农艺要求。

5　**作业质量指标**

5.1　当作业条件符合第 4 章的要求时，稻谷干燥机械作业质量指标应符合表 1 的规定。

表 1　稻谷干燥机械作业质量指标

项　目		指　标
含水率(%)	早籼、籼糯	≤13.5
	早粳	≤14.0
	晚籼	≤14.0
	晚粳	≤15.5
爆腰率增值(%)		≤3.0
破损率增值(%)		≤1.0
发芽率[a]		不得降低
含水率不均匀度(%)	分批干燥	≤2.0
	连续干燥	≤1.0
焦糊粒、爆花粒(%)		0
色泽、气味		正常
污染	3,4-苯并芘增值[b](μg/kg)	≤5
	油污染	无污染

注：

a　干燥种子时采用该项目指标；

b　直接加热时采用该项目指标。

5.2　当作业条件不符合第 4 章的要求时，作业服务和被服务双方可在表 1 的基础上另行商定。

6　**检测方法**

6.1　**取样**

6.1.1　对于分批干燥，以每次干燥量为一作业批，在作业后 24h 内取样；对于连续干燥，可由服务和被服务双方商定，在作业时或作业后取样。

6.1.2　作业时取样

在排粮期间等间隔从入粮口、排粮口处接取样品，取样次数不少于 5 次，每次取样质量不少于 1kg。

6.1.3　作业后取样

6.1.3.1　每一作业批采用堆放或装袋。

6.1.3.2　稻谷干燥后堆放的，在谷堆侧表面距底边2/5处的周长线上随机选取1点，以此处为基点等间隔取5点，从每点水平进入谷堆30～50cm处随机取样1kg。

6.1.3.3　稻谷干燥后装袋的，随机抽取5袋，每袋中随机取样1kg。

6.1.3.4　当作业批大于2时，随机对其中2个作业批取样。

6.2　**爆腰率的测定**

从6.1接取的试样中，每个试样随机取出完整籽粒100粒，密封避光保存24h后，剥掉外壳，然后用爆腰检测仪进行检测，有一条裂痕横向或纵向贯穿全粒，或有裂痕(贯穿或不贯穿)两条以上，均属爆腰。

按下式计算爆腰率：

$$B_y = \frac{\Sigma b_{yi}}{Z_L} \times 100 \quad \cdots\cdots (1)$$

式中：

B_y——爆腰率，%；

b_{yi}——第i个样品中的爆腰籽粒数，单位为粒；

Z_L——样品总籽粒数，单位为粒。

6.3　**破损率的测定**

从6.1接取的试样中，每个试样随机称取样品100g，拣出破壳、脱壳、破碎的破损籽粒并称重。按下式计算：

$$B_s = \frac{\Sigma W_{bi}}{W} \times 100 \quad \cdots\cdots (2)$$

式中：

B_s——破损率，%；

W_{bi}——第i个样品的破损粒质量，单位为克，g；

W——样品总质量，单位为克，g。

6.4　**发芽率的测定**

6.5　**含水率的测定**

从6.1接取的试样中，每个试样随机称取样品30g，按GB/T 5497的规定测量含水率。

6.6　**含水率不均匀度的确定**

按6.5的规定计算含水率，取含水率的最大值与最小值的差值即为稻谷干燥后的含水率不均匀度。

6.7　**污染的测定**

6.7.1　从6.1接取的试样中，按GB/T 6970的规定测量3,4-苯并芘的含量。

6.7.2　目测干燥后的稻谷不应被油污染。

6.8　**色泽、气味**

从6.1接取的试样中，每个试样随机称取样品100g充分混合后，按GB/T 6970的规定测定焦糊粒、爆花粒的含量，并按GB/T 5492的规定检查其色泽、气味。

7　**检验规则**

7.1　稻谷干燥机械作业质量指标应符合第5章的规定。

7.2　不合格项目见表2。

表2　不合格项目

类　别	序　号	项目名称
A	1	含水率
	2	爆腰率增值
	3	发芽率[a]
	4	污染[b]
	5	焦糊粒、爆花粒
B	1	破损率增值
	2	含水率不均匀度
	3	色泽、气味

注：

a　干燥种子时采用该项目；

b　子项中只要出现一项不合格项，则该项目为不合格。

7.2.1　被检查的项目不符合第5章所规定的要求称为不合格项目。

7.2.2　不合格项目按其作业质量的影响程度，分为A、B两类。A类为对作业质量有重大影响的项目；B类为影响重要的项目。

7.3 评定规则

采用逐项考核评定，样本中的不合格数小于或等于合格判定数 A_c 时，评为合格；大于或等于不合格判定数 R_e 时，评为不合格。A、B 两类均合格时，其作业质量为合格。判定数组见表 3。

表 3 抽样判定

类 别	A	B
项目数	5	3
检查水平		S—1
样本大小		2
AQL	6.5	40
A_c R_e	0 1	2 3

中华人民共和国农业行业标准

NY/T 1646—2008

甘蔗深耕机械　作业质量

Operating quality for deep plowing machinery of sugarcane

2008-07-14 发布　　2008-08-10 实施

中华人民共和国农业部　发　布

前 言

本标准由中华人民共和国农业部农业机械化管理司提出。

本标准由全国农业机械标准化技术委员会农业机械化分技术委员会归口。

本标准起草单位:广西壮族自治区农业机械化技术推广总站、广西壮族自治区农业机械鉴定站。

本标准主要起草人:刘文秀、黄尚正、陈世凡、张庆辉、庞少欢、黄晓雪、黎波、邱恒先、卢一福、姚炜。

甘蔗深耕机械　作业质量

1　范围

本标准规定了甘蔗深耕机械的作业质量指标及检测方法和检验规则。

本标准适用于甘蔗深耕机械作业质量的评定。

2　规范性引用文件

下列文件中的条款通过本标准的引用而成为本标准的条款。凡是注日期的引用文件，其随后所有的修改单(不包括勘误的内容)或修订版均不适用于本标准，然而，鼓励根据本标准达成协议的各方研究是否可使用这些文件的最新版本。凡是不注日期的引用文件，其最新版本适用于本标准。

GB/T 14225.3—1993 铧式犁 试验方法

3　术语和定义

下列术语和定义适用于本标准。

3.1　**甘蔗深耕机械** deep plowing machinery of sugarcane

配套功率不小于59kW、耕深为30～45cm的大型拖拉机进行甘蔗深耕翻作业的机具。

3.2　**耕深** plowing depth

甘蔗深耕机械作业后底面与作业前地表面的垂直距离。

3.3　**耕深稳定性变异系数** stability variation coefficient of plowing depth

犁耕过程中沿前进方向，作业机组实际耕深的标准差与平均耕深之比。

3.4　**漏耕** missing plowing

除地角余量外的未耕面积。

3.5　**入土行程** distance between beginning and stable plowing depth

第一犁体铧尖着地点至全部犁体达到稳定耕深时犁的前进距离。

3.6　**植被覆盖率** vegetation cover rate

甘蔗深耕机械作业后，在一定面积上被覆盖在地表以下的作物残茬和杂草的质量占耕地前同一面积上作物残茬和杂草总质量的百分率。

3.7　**碎土率** crushed soil rate

土壤在甘蔗深耕机械作业后，取样按土块大小分级，计算各级土块质量占相应耕层内土壤总质量的百分率。

4 作业质量指标

4.1 作业条件

作业地块尽量连片集中，对于分散的地块应有可供机具转移的机耕道路；土壤绝对含水率为15%～30%，植被自然高度应小于20cm，最大作业坡度小于15°；蔗地无过大的石头、大树桩等坚硬的异物。

4.2 作业质量指标

在4.1规定作业条件下，作业质量指标应符合表1规定。

表1 作业质量指标

序号	检测项目名称		质量指标
1	平均耕深(cm)		N[1] ±3.0
2	耕深稳定性变异系数(%)		≤10
3	漏耕率(%)		≤1
4	植被覆盖率(%)		≤60
5	碎土率(耕作≤5cm[2]土块)(%)		≥50
6	入土行程(m)	总耕幅>1.8	≤6
		总耕幅≤1.8	≤4

[1] 根据农艺要求确定的耕作深度；

[2] 土块三维尺寸中的最大值。

5 检测方法

5.1 作业条件

5.1.1 植被状况

测点选取和检测方法按GB/T 14225.3—1993中第2.4条的规定进行。

5.1.2 土壤绝对含水率

测点选取和检测方法按GB/T 14225.3—1993中第2.4条的规定进行。

5.2 耕深和耕深稳定性

测定区距离地头5m以上，测定区长度为20m，沿前进和返回方向随机取样各不少于2个行程，采用耕深尺或其他测量仪器，测量沟底至未耕地表面的垂直距离，每个行程测 11 点。如耕地后进行，则测量沟底至已耕地表面的距离，按 0.8 折算求得各点耕深。按式(1)、式(2)、式(3)计算平均耕深、耕深标准差、耕深稳定性变异系数。

$$\bar{a}=\frac{\Sigma a_i}{n} \quad \cdots\cdots (1)$$

$$S=\sqrt{\frac{\Sigma(a_i-\bar{a})^2}{n-1}} \quad \cdots\cdots (2)$$

$$V=\frac{S}{\bar{a}}\times 100 \quad \cdots\cdots (3)$$

式中：

$\bar{a}$—— 平均耕深，单位为厘米(cm)；

a_i—— 各测点耕深值，单位为厘米(cm)；

n—— 测点数；

S—— 耕深标准差，单位为厘米(cm)；

V—— 耕深稳定性变异系数，单位为百分数(%)。

5.3 **漏耕率**

漏耕率测定在作业后的整块地中进行，测量各漏耕点的面积和检测地块的面积，按式(4)计算漏耕率。

$$L=\frac{\Sigma N_i}{N}\times 100 \quad \cdots\cdots (4)$$

式中：

L—— 漏耕率，单位为百分数(%)；

N_i—— 第 i 个漏耕点的漏耕面积，单位为平方米(m^2)；

N—— 检测田块的面积，单位为平方米(m^2)。

5.4 **入土行程**

测定最后犁体铧尖着地点至该犁体达到稳定耕深时犁的前进距离，稳定耕深按试验预测耕深的 80%计，共测定四个行程。

5.5 **植被覆盖率**

测点选取和检测方法按 GB/T 14225.3—1993 中第 2.4 条的规定进行。按式(5)计算植被覆盖率，求其平均值。

$$F=\frac{Z_1-Z_2}{Z_1}\times 100 \quad \cdots\cdots (5)$$

式中：

F—— 植被覆盖率，单位为百分数(%)；

Z_1—— 耕前平均植被质量，单位为克(g)；

Z_2—— 耕后地表面上的平均植被质量，单位为克(g)。

5.6 **碎土率**

在测区内对角线取样不少于3点。每点在bcm×bcm(b为犁体工作幅宽)面积耕层内，分别测定的最大尺寸≤5cm的土样质量及该测点土样总质量，按式(6)计算碎土率，求各测点的平均值。

$$C=\frac{G_s}{G}\times 100 \quad \cdots\cdots\cdots\cdots (6)$$

式中：

C—— 碎土率，单位为百分数(%)；

G—— 土样总质量，单位为千克(kg)；

G_s—— ≤5cm土样质量，单位为千克(kg)。

6 **检验规则**

6.1 抽样方法，根据作业地块数量，当作业地块多于3块时，随机抽样2块；当为2块时，均为样本；当作业仅在一块地内或者仅对这块地进行评定时，取地块的长和宽的中心线将其分为4块，随机抽样对角线的2块作为样本。

6.2 甘蔗深耕机械的作业质量指标应符合第4章的规定。

6.3 检测方法应符合第5章的规定。

6.4 评定规则

6.4.1 不合格项目按其对作业质量的影响程度分为A、B两类，不合格项目分类见表2。

6.4.2 采用逐项考核评定，A类不合格项次为零；B类允许有一项次不合格，则判定作业质量合格，否则判定为不合格。

表 2　不合格项目分类

分类	项	检测项目
A	1	平均耕深
	2	耕深稳定性变异系数
B	1	漏耕率
	2	植被覆盖率
	3	碎土率
	4	入土行程

中华人民共和国农业行业标准

NY/T 985—2006

根茬粉碎还田机　作业质量

Operating quality of smashed root-stubble machine

2006-01-26 发布　　　　2006-04-01 实施

中华人民共和国农业部　发　布

前　言

本标准由中华人民共和国农业部提出。

本标准由全国农业机械标准化技术委员会农业机械化分技术委员会归口。

本标准起草单位:农业部农机零配件质量监督检验测试中心(长春)、四平农机工程机械制造总公司。

本标准主要起草人:杨胜斌、李盛春、戴世达、焦玉庆、衡冬梅、刘淑华。

根茬粉碎还田机　作业质量

1　范围

本标准规定了中耕作物根茬粉碎还田机的作业质量指标、试验方法及检验规则。

本标准适用于根茬粉碎还田机作业质量的评价。

2　规范性引用文件

下列文件中的条款通过本标准的引用而成为本标准的条款。凡是注日期的引用文件，其随后所有的修改单(不包括勘误的内容)或修订版均不适用于本标准，然而，鼓励根据本标准达成协议的各方研究是否可使用这些文件的最新版本。凡是不注日期的引用文件，其最新版本适用于本标准。

JB/T 8401.3—2001　根茬粉碎还田机

3　定义

下列术语和定义适用于本标准。

3.1　**碎茬深度** smashed stubble depth

根茬粉碎还田机作业后底面与作业前地表面的垂直距离。

3.2　**根茬粉碎率** smashed root-stubble rate

作物根茬在根茬粉碎还田机作用下粉碎的程度。

3.3　**根茬覆盖率** root-stubble covering rate

根茬粉碎还田机作业后根茬被覆盖的程度。

3.4　**碎土率** smashed soil rate

土壤在根茬粉碎还田机作业下粉碎的程度。

4　作业质量指标

4.1　本标准规定的作业质量指标是按下列一般作业条件确定的，沙壤土含水率为15%～20%，黑壤土含水率为10%～15%，根茬含水率小于25%，机具以最大生产率作业时。一般条件的测定按JB/T 8401.3—2001中7.1.5的规定。

4.2　在一般作业条件下，根茬粉碎还田机作业质量应符合表1规定。

表 1　作业质量指标

序号	项　目	质量评定指标
1	碎茬深度(mm)	≥80
2	根茬粉碎率(%)	≥90
3	碎土率(%)	≥90
4	根茬覆盖率(%)	≥80

5　试验方法

5.1　碎茬深度

用深度仪或深度尺测定，以垄顶线为基准，沿机组前进方向每隔 2m 测定一点，每行测 10 点，按式(1)计算其平均值。

$$A = \frac{\Sigma_a}{n} \cdots\cdots\cdots\cdots\cdots\cdots (1)$$

式中：

A—— 碎茬深度，mm；

a—— 测点碎茬深度，mm；

n—— 测点数，个。

5.2　根茬粉碎率

每行程测定一点，每点取一个工作幅宽乘 1m 的面积，测定地表和碎茬深度范围内所有根茬，测定总的根茬质量和其中的合格根茬质量(合格根茬的长度≤50mm，不包括须根长度)按式(2)计算根茬粉碎率。

$$W = \frac{G_1}{G} \times 100 \cdots\cdots\cdots\cdots\cdots\cdots (2)$$

式中：

W—— 碎茬率，%；

G_1—— 合格根茬的质量，kg；

G—— 总的根茬的质量，kg。

5.3　根茬覆盖率

在已碎茬地块上取 1m×1m 的面积，分别测定地表以上根茬和植被质量，地表以下碎茬深度范围内根茬和植被质量，按式(3)计算根茬覆盖率。

$$F = \frac{W_1}{W_1 + W_2} \times 100\% \cdots\cdots\cdots\cdots\cdots\cdots (3)$$

式中：

F—— 根茬覆盖率,%；

W_1—— 地表以下碎茬深度范围内根茬和植被质量,g；

W_2—— 地表以上根茬和植被质量,g。

5.4 **碎土率**

在已碎茬作业地块选取测点,每点面积 1 m×1m,取出全部耕层动土,并称其质量为 T_2,然后捡出最大尺寸大于 40mm 的土块称其质量为 T_1,碎土率按式(4)计算。

$$S = \frac{T_2 - T_1}{T_2} \times 100\% \quad \cdots\cdots (4)$$

式中：

S—— 碎土率,%；

T_1—— 大于 40mm 的土块质量,g；

T_2—— 测点范围内耕层动土总质量,g。

6 **检验规则**

6.1 抽样方法,沿地块长度方向对边的中点连十字线,将地块划成 4 块,随机选取对角的 2 块作为检测样本。

6.2 检测点位置的确定,采取 5 点法测定。在抽取的样本地块上,从 4 个地角沿对角线,在 1/8～1/4 对角线长的范围内选定一个比例数后,算出距离,确定出 4 个检测点的位置,再加上某一对角线的中点。

6.3 根茬粉碎还田机的作业质量应符合第 4 章规定。

6.4 检测方法按第 5 章规定。

6.5 评定规则

6.5.1 根据各项指标对整地、播种的影响程度,将作业指标分为 A、B 两类,详见表 2。

6.5.2 采用逐项考核评定,考核项目全部合格时作业质量判定为合格;否则判定为不合格。

表 2　考核项目

分　类	序　号	检 验 项 目
A	1	碎茬深度
	2	根茬粉碎率
B	3	碎土率
	4	根茬覆盖率

中华人民共和国农业行业标准

NY/T 1355—2007

玉米收获机 作业质量

Corn Harvesters-Operating Quality

2007-04-17 发布 2007-07-01 实施

中华人民共和国农业部 发 布

前　言

本标准由中华人民共和国农业部提出。

本标准由全国农业机械标准化技术委员会农机化分技术委员会归口。

本标准起草单位：农业部农业机械试验鉴定总站、陕西省农业机械鉴定站。

本标准主要起草人：王心颖、史逵、郝文录、刘宪、王延宏、王松、苏光远、张健。

玉米收获机　作业质量

1　范围

本标准规定了玉米收获机作业的质量要求、检测方法和检验规则。

本标准适用于玉米收获机作业的质量评定。

2　规范性引用文件

下列文件中的条款通过本标准的引用而成为本标准的条款。凡是注日期的引用文件，其随后所有的修改单（不包括勘误的内容）或修订版均不适用于本标准，然而，鼓励根据本标准达成协议的各方研究是否可使用这些文件的最新版本。凡是不注日期的引用文件，其最新版本适用于本标准。

GB/T 5262　农业机械试验条件 测定方法的一般规定

JB/T 6681　玉米收获机械 试验方法

3　术语和定义

下列术语和定义适用于本标准。

3.1　**玉米收获机** corn harvester

用于完成玉米摘穗、集穗，可兼作剥苞叶、秸秆粉（切）碎还田、穗茎兼收等项作业中一项或多项作业的机器。

3.2　**果穗** ear

去掉果柄（玉米穗根部与茎秆连接部分）的玉米穗。

3.3　**未剥净果穗** ear with several husks

机械收获剥苞叶后，仍有3片或3片以上苞叶的果穗。

3.4　**下垂果穗** hanged down ear

直立植株上，果穗顶端低于果柄的果穗。

3.5　**最低结穗高度** height of the lowest ear

植株最低果穗的果柄根部至地面（或垄顶）的距离。

3.6　**倒伏植株** lodged plant

果柄根部和茎秆基部连线与地面垂直线夹角大于45°的植株。

3.7　**损失籽粒** lost grain

机械收获中脱落的籽粒。

3.8　**损失果穗** lost ear

机械收获中未收集到集穗箱内的果穗。

3.9 **破损籽粒** damaged grain

果穗上因机械收获造成的有明显裂纹及破皮的籽粒。

4 作业质量要求

4.1 作业条件：籽粒含水率为25%～35%，果穗下垂率不大于15%，最低结穗高度不低于40cm。

4.2 在4.1规定的作业条件下，玉米收获机（以下简称：机器）作业质量应符合表1的规定。

表1 作业质量要求一览表

序号	检测项目名称	质量指标要求	检测方法对应的条款号
1	籽粒损失率（%）	≤2.0	5.3.1，5.3.3，5.3.4，5.3.6，5.3.7，5.4.1
2	果穗损失率[a]（%）	≤5.0	5.3.1，5.3.8，5.4.2
3	籽粒破损率（%）	≤1.0	5.3.1，5.3.3，5.3.4，5.3.6，5.3.9，5.4.3
4	苞叶剥净率（%）	≥85	5.3.1，5.3.2，5.4.4
5	留茬高度[b]（mm）	≤110	5.4.5
6	还田秸秆粉（切）碎长度[c]合格率，%	≥85	5.4.6
7	穗茎兼收茎秆切段长度[d]合格率，%	≥80	5.4.7
8	油污染	果穗、籽粒和穗茎兼收茎秆无油污染	5.4.8

a 不可收获的倒伏植株造成的果穗损失不计；

b 穗茎兼收作业留茬高度按设计值考核；

c 还田秸秆合格粉（切）碎长度为≤100mm；

d 穗茎兼收茎秆合格切段长度为机器设计的茎秆理论切段长度。

5 检测方法

5.1 作业条件测定

按GB/T 5262规定，在作业地块中采用五点法确定检测点，按JB/T 6681规定测定籽粒含水率、果穗下垂率和最低结穗高度。

5.2　**一般要求**

5.2 1　在作业地块中确定一试验区。试验区由准备区、测定区和停车区连续的三部分组成。准备区长度应不少于 10m；测定区长度应不少于 20m；停车区长度应不少于 10m。试验区宽度为机器的一个工作幅宽。

5.2.2　一个试验工况中不应换挡和改变作业速度，也不应进行调整。

5.2.3　测定前，清空集穗箱内的所有果穗及籽粒；清除准备区和停车区内的果穗；清除测定区内的断离植株、不可收获的倒伏植株和结穗高度在 40cm 以下的果穗，清点测定区内的果穗总数 N 并记录。

5.2.4　试验时，机器以正常工作状态依次通过准备区、测定区，停在停车区内。

5.3　**参数测定、记录和计算**

5.3.1　收获果穗总数 n_z

收集集穗箱内所有的果穗。清点完整果穗数 n_1 并记录；将断裂果穗脱粒并称其质量，按其与果穗籽粒质量平均值 m_g 的比值折算成完整果穗数 n_2，按式(1) 计算收获果穗总数 n_z。

$$n_z = n_1 + n_2 \qquad (1)$$

式中：

n_z—— 收获果穗总数，个；

n_1—— 集穗箱内完整果穗数，个；

n_2—— 集穗箱内断裂果穗折算出的完整果穗数，个。

果穗籽粒质量平均值 m_g 按 5.3.4 测定。

5.3.2　未剥净果穗数 n_j

从收集的所有果穗中，清点未剥净果穗数 n_j 并记录。

5.3.3　脱落籽粒数 L_t 和破损籽粒数 L_p

从收集的所有果穗中，分别数出果穗上脱落籽粒(空穴)数 L_t 和破损籽粒数 L_p 并记录。

5 3.4　果穗籽粒质量平均值 m_g

从收集的所有果穗中，随机抽取测定区内果穗总数 5% ～15% 的完整果穗，且抽取的果穗个数不少于 10 个。将抽取的果穗脱粒并称其质量，按式(2) 计算果穗籽粒质量平均值 m_g。

$$m_g = \frac{m_c}{n_c} \cdots\cdots (2)$$

式中：

m_g—— 果穗籽粒质量平均值，千克每个(kg/个)；

m_c—— 抽取的果穗的籽粒总质量，千克(kg)；

n_c—— 抽取的果穗总数，个。

5.3.5　百粒质量 m_b

将 5.3.4 中脱下的籽粒按四分法分出 5 个小样，从每个小样中随机数出 100 粒称其质量，取平均值得出百粒质量 m_b。

5.3.6　籽粒总质量 m_z

按式(3) 计算集穗箱内果穗上的籽粒总质量 m_z。

$$m_z = m_g \times n_z \cdots\cdots (3)$$

式中：

m_z—— 集穗箱内果穗上的籽粒总质量，千克(kg)；

n_z—— 集穗箱内果穗总数，个。

5.3.7　脱落籽粒质量 m_t

按式(4) 计算集穗箱内果穗上脱落籽粒质量 m_t。

$$m_t = L_t \times \frac{m_b}{100} \cdots\cdots (4)$$

式中：

m_t—— 脱落籽粒质量，克(g)；

L_t—— 脱落的籽粒数，粒；

m_b—— 百粒质量，克(g)。

5.3.8　损失果穗数 n_s

按式(5) 计算测定区损失果穗数 n_s。

$$n_s = N - n_z \cdots\cdots (5)$$

式中：

n_s—— 测定区内损失果穗数，个；

N—— 测定区内果穗总数，个。

5.3.9　破损籽粒质量 m_p

按式(6) 计算集穗箱内果穗上破损籽粒质量 m_p。

$$m_p = L_p \times \frac{m_b}{100} \quad \cdots\cdots (6)$$

式中：

m_p—— 破损籽粒质量，克(g)；

L_p—— 破损籽粒数，粒。

5.4 **作业质量指标测定和计算**

5.4.1 籽粒损失率 S_t

按式(7)计算籽粒损失率 S_t。

$$S_t = \frac{m_t}{1\,000 \times m_z} \times 100 \quad \cdots\cdots (7)$$

式中：

S_t—— 籽粒损失率，%。

5.4.2 果穗损失率 S_s

按式(8)计算果穗损失率 S_s。

$$S_s = \frac{n_s}{N} \times 100 \quad \cdots\cdots (8)$$

式中：

S_s—— 果穗损失率，%。

5.4.3 籽粒破损率 S_p

按式(9)计算籽粒破损率。

$$S_p = \frac{m_p}{1\,000 \times m_z} \times 100 \quad \cdots\cdots (9)$$

式中：

S_p—— 籽粒破损率，%。

5.4.4 苞叶剥净率 B

按式(10)计算苞叶剥净率 B。

$$B = \frac{n_z - n_j}{n_z} \times 100 \quad \cdots\cdots (10)$$

式中：

B—— 苞叶剥净率，%；

n_j—— 未剥果穗数，个。

5.4.5　留茬高度

在已作业区或测定区的作业幅宽内，等间隔取3个测点，相邻测点间隔距离应不小于5m，取点应避开地边和地头，每个测点内连续取割茬不少于10株，测量地面以上的割茬长度，取其平均值为该测点处的留茬高度，再求3个测点的平均值。

5.4.6　还田秸秆粉(切)碎长度合格率 Q_h

沿机具前进方向等间隔取3个测点，相邻测点间隔距离应不小于5m，每个测点取宽为机具作业幅宽、长各为1m的区域，收集该区域内所有秸秆并称其质量。从中拣出粉(切)碎长度不合格的秸秆称其质量。秸秆的粉(切)碎长度不包括其两端的韧皮纤维。按式(11)计算每个测点的还田秸秆粉(切)碎长度合格率 Q_h，再求3点的平均值。

$$Q_h = \frac{m_{hz} - m_{hb}}{m_{hz}} \times 100 \quad \cdots\cdots\cdots\cdots (11)$$

式中：

Q_h—— 每个测点还田秸秆粉(切)碎长度合格率，%；

m_{hb}—— 每个测点粉(切)碎长度不合格的秸秆质量，单位为克(g)；

m_{hz}—— 每个测点秸秆总质量，单位为克(g)。

5.4.7　穗茎兼收茎秆切段长度合格率 Q_q

用取样网从抛送筒出口随机取样5次，每次不少于1kg，称其总质量。从中拣出切段长度不合格的秸秆并称其质量，按式(12)计算样品穗茎兼收茎秆切段长度合格率 Q_q，再求5次的平均值。

$$Q_q = \frac{m_{qz} - m_{qb}}{m_{qz}} \times 100 \quad \cdots\cdots\cdots\cdots (12)$$

式中：

Q_q—— 样品穗茎兼收茎秆切段长度合格率，%；

m_{qz}—— 样品秸秆总质量，单位为克(g)；

m_{qb}—— 样品中切段长度不合格秸秆质量，单位为克(g)。

5.4.8　油污染

用目测法观察收获的果穗、籽粒和穗茎兼收茎秆有无机器造成的油污染。

6 检验规则

6.1 单项判定规则

6.1.1 作业质量考核项目

按机器作业功能在表2中确定作业质量考核项目。

表2 作业质量考核项目表

检测项目	作业功能		
	摘穗、还田	穗茎兼收	摘穗、剥叶、穗茎兼收
籽粒损失率	√	√	√
果穗损失率	√	√	√
籽粒破碎率	√	√	√
苞叶剥净率	—	—	√
留茬高度	√	√	√
还田秸秆粉(切)碎长度合格率	√	—	—
穗茎兼收茎秆切段长度合格率	—	√	√
油污染	√	√	√

注:表中"√"为考核项;"—"为不考核项。

6.1.2 检测项目分类

检测结果不符合本标准第4章相应要求时判该项目不合格。检测项目按其对玉米收获机作业质量的影响程度分为A、B两类。检测项目分类见表3。

6.2 综合判定规则

对确定的检测项目进行逐项考核。A类项目全部合格、B类项目不多于1项不合格时,判定玉米收获机作业质量为合格;否则为不合格。

表 3　检测项目分类表

分类		检测项目
类	项	
A	1	籽粒损失率
	2	果穗损失率
	3	籽粒破碎率
	4	油污染
B	1	苞叶剥净率
	2	留茬高度
	3	还田秸秆粉(切)碎长度合格率
	4	穗茎兼收茎秆切段长度合格率

中华人民共和国农业行业标准

NY/T 990—2006

马铃薯种植机械　作业质量

The working quality of potato planters

2006-01-26 发布　　　　2006-04-01 实施

中华人民共和国农业部　发　布

前 言

本标准由中华人民共和国农业部提出。

本标准由全国农业机械标准化技术委员会农机化分技术委员会归口。

本标准起草单位：农业部种植机械质量监督检验测试中心（哈尔滨）、黑龙江省农业机械试验鉴定站、黑龙江省农业机械产品质量监督检验站、黑龙江省大兴安岭地区农业机械研究所。

本标准主要起草人：陈治文、孙启嘉、王振格、赵云广、陈勇阁。

马铃薯种植机械　作业质量

1　范围

本标准规定了马铃薯种植机械的作业质量指标、检验方法及检验规则。

本标准适用于对马铃薯种植机械田间作业质量的评定。

2　规范性引用文件

下列文件中的条款通过本标准的引用而成为本标准的条款。凡是注日期的引用文件，其随后所有的修改单(不包括勘误的内容)或修订版均不适用于本标准，然而，鼓励根据本标准达成协议的各方研究是否可使用这些文件的最新版本。凡是不注日期的引用文件，其最新版本适用于本标准。

GB/T 5262—1985　农业机械 试验条件测定方法的一般规定

GB/T 9478—1988　谷物条播机 试验方法

3　定义

下列术语和定义适用于本标准

3.1　株距 tuber distance

播行内相邻两个种薯中心在播行中心线上投影点的距离。

3.2　平均株距 average tuber distance

实测株距的平均值。

3.3　空穴 empty bunch

株距大于1.5倍农艺要求株距者，称为空穴。

3.4　种植深度 depth of planting

由种薯最低点到地表面的距离。

3.5　种肥间距 distance between tuber and fertilizer

单个种薯与肥料之间的最小距离。

3.6　施肥量 the quantity of applying fertilizer

单位作业面积所投放肥料的质量。

3.7　种薯幼芽损伤 sprout damage of tuber

种薯由于种植机的原因而产生的掉芽、伤芽现象。

3.8 **邻接行距 neighbouring row spacing**

两个相邻作业行程衔接行之间的距离。

4 作业质量指标

本标准所规定的作业质量指标是按下列一般作业条件确定的：土壤含水率15%～25%，土壤坚实度≤300kPa，肥料含水率≤10%，种薯幼芽长度≤1.5 cm，种薯在长、宽、厚三个方向的尺寸极差≤2.5 cm。

在一般作业条件下。马铃薯种植机的作业质量应符合表1的规定。

表1 作业质量指标

项目	作业质量指标
空穴率(%)	≤8(株距≤25cm)
	≤5(株距>25cm)
邻接行距合格率(%)	≥90
种薯幼芽损伤率(%)	≤2
种肥间距(F)(cm)	3<F≤8
种植深度合格率(%)	≥75
平均株距(Z)(cm)	0.9S[a]<Z≤1.1S
株距合格率(%)	≥80
施肥量相对误差(%)	≤10

注：a. S为当地农艺要求的株距。

5 检验方法

5.1 作业条件测定

按GB/T 5262的规定测定土壤含水率、土壤坚实度、肥料含水率和种薯幼芽长度、种薯尺寸极差。

5.2 检测段的确定

首先将所要检测地块的种植行进行编号，用抽签法随机抽出三行作为检测区；将这三行的两端地头各除去5m后，每20m长分为一段，将所分的段编号，用抽签法随机抽出其中的五段作为检测段。

5.3 平均株距

在每个检测段连续测定20个株距，共计100个株距，计算平均值。

5.4　**空穴率**

在5.3测定的株距中找出空穴的个数，空穴的个数占所测株距总个数的百分数为空穴率。

5.5　**株距合格率**

合格株距是指大于0.5S且小于1.5S的株距。在5.3测定的100个株距中找出合格株距的个数，合格株距的个数占所测株距总个数的百分数为株距合格率。

5.6　**施肥量相对误差**

按GB/T 9478—1988中4.2.1测定实际施肥量，实际施肥量与农艺要求施肥量的相对误差按式(1)计算：

$$S(\%) = \frac{|Q_s - Q_N|}{Q_N} \times 100 \quad \cdots\cdots\cdots\cdots\cdots\cdots\cdots \quad (1)$$

式中：

S—— 施肥量相对误差；

Q_s—— 实际施肥量，kg/hm^2；

Q_N—— 农艺要求施肥量，kg/hm^2。

5.7　**种植深度合格率**

在每个检测段连续测定20个种薯的种植深度，以当地农艺要求的种植深度H为标准，(H±1)cm为合格，合格种植深度的个数占所测种植深度总个数的百分数为种植深度合格率。

5.8　**种肥间距**

在每个检测段处横向切开土层，测定单个种薯与肥料之间的最小距离，每个检测段连续测定20点，总计100点，计算平均值。

5.9　**种薯幼芽损伤率**

每个检测段连续测定20个种薯，目测种薯幼芽总数和由种植机造成的幼芽损伤数，由种植机造成的幼芽损伤数占种薯幼芽总数的百分数为种薯幼芽损伤率(对于没有幼芽的种薯，不测此项)。

5.10　**邻接行距合格率**

在检测段的左右连续选定5个邻接行，测定邻接行之间的距离。以当地农艺要求的行距B为标准，所测行距大于0.9B且小于1.1B为合格。合格行距的个数占所测行距的总个数的百分数为行距合格率。

6 检验规则

6.1 抽样方法

按 5.2 规定。

6.2 评定规则

根据各项指标对马铃薯作物生长的影响程度，将检验项目分为 A 类(重大缺陷)、B 类(严重缺陷)两类，详见表 2。A 类项目应全部达到规定要求，B 类项目允许有一项达不到规定要求，作业质量判定为合格，质量判定方案见表 3，表中 A_c 为合格判定数、R_e 为不合格判定数。以 A、B 两类所达到的最低等级定为作业质量等级。

表 2 检验项目分类

分类	序号	检验项目
A	1	空穴率
	2	邻接行距合格率
	3	种薯幼芽损伤率
	4	种肥间距
	5	播种深度合格率
B	1	平均株距
	2	株距合格率
	3	施肥量

表 3 质量判定方案

检验项目类别		A	B
合格品	A_c R_e	0 1	1 2

(三)地方标准

广西壮族自治区地方标准

DB45/T 560—2008

甘蔗中耕施肥培土机械　作业质量

2008-12-29 发布　　2009-02-10 实施

广西壮族自治区质量技术监督局　发　布

前　言

本标准由广西壮族自治区农业机械化管理局提出。

本标准起草单位:广西壮族自治区农业机械化技术推广总站、广西壮族自治区农业机械鉴定站。

本标准主要起草人:姚炜、陈世凡、黄尚正、张庆辉、邱恒先、黎波、卢一福、刘福增、刘文秀。

本标准为首次发布。

甘蔗中耕施肥培土机械　作业质量

1　范围

本标准规定了甘蔗中耕施肥培土机械作业的质量指标、试验方法和检验规则。

本标准适用于以轮式、履带式和手扶式拖拉机为配套动力，作业条件符合3.1要求的甘蔗中耕施肥培土机械作业质量评定。

2　术语和定义

下列术语和定义适用于本标准。

2.1　行距

相邻两垄甘蔗苗行中心线间的距离。

2.2　培土高度

高于耕前甘蔗垄顶地表的土壤最高厚度。

2.3　甘蔗损伤率

在一定地段长度内，甘蔗损伤的株数占测定总长度内甘蔗总株数的百分率。

2.4　施肥覆盖率

在一定地段长度内，有泥土覆盖的肥料累计长度占测定总长度的百分率。

2.5　杂草覆盖率

中耕作业后，每平方米内完全埋入土壤内的杂草的质量占杂草总质量的百分率。

3　作业质量指标

3.1　作业条件

3.1.1　甘蔗行距为70～150cm，蔗苗自然高度为30～100 cm。

3.1.2　土壤含水率为15%～25%，土壤硬度(坚实度)0.4～2.0MPa。

3.1.3　地块平坦，坡度不大于15°，作业地块的长度不少于40 m，宽度不少于10 m。

3.1.4　颗粒状化肥含水率不大于20%，小结晶粉末状化肥含水率不大于5%。

3.2　**作业质量指标**

作业条件符合 3.1 的规定时，甘蔗中耕施肥培土的机械作业质量应符合表 1 的规定。

表 1　甘蔗中耕施肥培土机械作业质量指标

项　目	指　标
培土高度(≥8 cm)合格率(%)	≥80
施肥覆盖率(%)	≥85
甘蔗损伤率(%)	≤8
杂草覆盖率(%)	≥85

3.3　**其他作业要求**

作业条件不符合 3.1 的要求，或对作业有特殊要求时，作业服务和被服务双方可在 3.2 表 1 的基础上另行商定。

4　**试验方法**

4.1　**检测区的确定**

采用 5 个检测区测定的方法。从 4 个地角沿对角线 1/8～1/4 长的范围内选定一个比例数后，确定出 4 个点为检测区的中心位置，再加上对角线的中点。

4.2　**检测点位置的确定**

每个检测区内，以中心位置为中心基准确定检测点，沿垄的纵向每隔 1 m 等距选一个检测点，选点应避开地边和地头，地边按一个垄的宽幅、地头按 4 m 长度计算。

4.3　**培土高度合格率的测定**

在每个检测区处测定培土高度，沿垄的纵向分布，每间隔 1 m 为 1 个检测点，每个检测区检测 10 个点，按式(1)计算，求其平均值，平均培土高度低于 8 cm 则该区为不合格测区；测量 5 个区后求其合格率，以合格区数占 5 个检测区数的百分比为培土高度合格率，按式(2)计算。

$$H_j = \frac{1}{10}(h_1 + h_2 + \cdots + h_{10}) \quad \cdots\cdots\cdots\cdots (1)$$

式中：

H_j—— 单个检测区的平均培土高度；

$h_1, h_2, \cdots h_{10}$—— 测区内 10 个检测点的培土高度,cm。

$$P = \frac{N}{5} \times 100 \quad \cdots\cdots (2)$$

式中:

P—— 培土高度合格率,%;

N—— 平均培土高度合格的检测区数,个。

4.4 **施肥覆盖率的测定**

每点处测量长度为 20 m 内的未覆盖泥土的肥料长度,以已覆盖泥土的肥料长度占所测量总长度的百分比为施肥覆盖率,按式(3) 计算其施肥覆盖率,在 5 个检测区中随机测量 3 个点,求其平均值。

$$S_f = \frac{20 - l_f}{20} \times 100 \quad \cdots\cdots (3)$$

式中:

S_f—— 施肥覆盖率,%;

l_f—— 没有覆盖泥土的肥料累计长度,m。

4.5 **甘蔗损伤率的测定**

每点处测量长度为 10 m 内的甘蔗损伤株数和甘蔗总株数,并按式(4) 计算,每个测区随机测量 1 个点,共测量 5 个点,求其平均值。

$$C_s = \frac{N_s}{N_z} \times 100 \quad \cdots\cdots (4)$$

式中:

C_s—— 甘蔗损伤率,%;

N_s—— 测区内甘蔗损伤的株数,株;

N_z—— 测区内甘蔗苗总株数,株。

4.6 **杂草覆盖率的测定**

在取样区域垄间的侧面宽度内,每点面积 1 m×1 m,分别测定地表面没有被掩埋的杂草质量,地表以下中耕深度范围内所有杂草质量,按式(5) 计算其杂草覆盖率,在 5 个检测区中随机测量 3 个点,求其平均值。

$$F = \frac{m_x}{m_x + m_s} \times 100 \quad \cdots\cdots (5)$$

式中:

F—— 杂草覆盖率,%;

m_x—— 地表以下中耕深度范围内所有杂草，g；

m_s—— 耕后未覆盖杂草质量，g。

5 检验规则

5.1 判定规则

当检验项目全部符合本标准 3.2 的要求时，检验田块的作业质量判为合格；当出现 1 项以上不合格检验项目时，检验田块的作业质量判为不合格。

5.2 其他检验

作业有特殊要求的作业质量检验，由服务方和被服务方自行商定。

广西壮族自治区地方标准

DB45/T 561—2008

蔗叶粉碎还田机械　作业质量

2008-12-29 发布　　2009-02-10 实施

广西壮族自治区质量技术监督局　发　布

前　言

本标准由广西壮族自治区农业机械化管理局提出。

本标准起草单位:广西壮族自治区农业机械化技术推广总站、广西壮族自治区农业机械鉴定站。

本标准主要起草人:姚炜、陈世凡、黄尚正、张庆辉、邱恒先、黎波、卢一福、刘福增、刘文秀。

本标准为首次发布。

蔗叶粉碎还田机械　作业质量

1　范围

本标准规定了蔗叶粉碎还田的机械作业质量指标、试验方法和检验规则。

本标准适用于以轮式、履带式拖拉机为配套动力，作业条件符合3.1要求的蔗叶粉碎还田机械作业质量评定。

2　术语和定义

下列术语和定义适用于本标准。

2.1　合格碎叶

蔗叶机械粉碎后长度不大于25cm的碎叶为合格碎叶。

2.2　粉碎合格率

蔗叶粉碎后合格碎叶的质量占粉碎还田蔗叶总质量的百分率。

2.3　伤茬率

蔗叶粉碎还田作业后因机械造成甘蔗宿根破头的数量占甘蔗宿根总数量的百分率。

2.4　漏碎率

漏碎蔗叶质量占应粉碎还田蔗叶总质量的百分率。

2.5　甘蔗宿根破头

留在蔗垄中的宿根蔗头的切口平面裂开超过一个蔗节者或推断、拔掉老蔗蔸的蔗头。

3　作业质量指标

3.1　作业条件

3.1.1　甘蔗行距为120～150cm。

3.1.2　甘蔗叶含水率不大于30%。

3.1.3　地块平坦，坡度不大于15°，作业地块的长度不少于40 m，宽度不少于10m。

3.1.4　甘蔗垄的宿根留茬高度不大于3cm。

3.2　作业质量指标

作业条件符合3.1的规定时，蔗叶粉碎还田的机械作业质量应符合表1的规定。

表 1　蔗叶粉碎还田机械作业质量指标

项　目	指　标
粉碎合格率(%)	≥80
伤茬率(%)	≤8
漏碎率(%)	≤8

3.3　**其他作业要求**

作业条件不符合 3.1 的要求，或对作业有特殊要求时，作业服务和被服务双方可在 3.2 表 1 的基础上另行商定。

4　**试验方法**

4.1　**检测区的确定**

采用 5 个检测区测定的方法。从 4 个地角沿对角线 1/8～1/4 长的范围内选定一个比例数后，确定出 4 个点为检测区的中心位置，再加上对角线的中点。

4.2　**检测点位置的确定**

每个检测区内，以中心位置为中心基准确定检测点，沿垄的纵向每隔 1 m 等距选一个检测点，选点应避开地边和地头，地边按一个垄的宽幅、地头按 4 m 长度计算。

4.3　**蔗叶粉碎合格率的测定**

每点处取 $1m^2$ 的取样区域，在取样区域内收集所有的蔗叶称其质量，再从中挑选出碎叶长度不合格的蔗叶称其质量，按式(1)计算蔗叶粉碎合格率，每个测区随机测量 1 个点，共测量 5 个点，求其平均值。

$$F_h = \frac{m_{yz} - m_{yb}}{m_{yz}} \times 100 \qquad (1)$$

式中：

F_h—— 蔗叶粉碎合格率，%；

m_{yz}—— 测点测区内的蔗叶总质量，g；

m_{yb}—— 测点测区内的不合格碎叶质量，g。

4.4　**伤茬率的测定**

每点处测量长度为 10m 内的甘蔗宿根破头株数和宿根总株数，并按式(2) 计算，每个测区随机测量 1 个点，共测量 5 个点，求其平均值。

$$C_S = \frac{N_S}{N_Z} \times 100 \quad \cdots\cdots\cdots\cdots\cdots\cdots (2)$$

式中：

C_S—— 伤茬率，%；

N_S—— 测区内的宿根破头株数，株；

N_Z—— 测区内的宿根总株数，株。

4.5 **漏碎率的测定**

每点处随机取 1 m^2 的取样区域，在取样区域内收集所有蔗叶称其质量，从中挑选出机械粉碎还田时未被破碎的蔗叶称其质量，按式(3) 计算蔗叶漏碎率，每个测区随机测量 1 个点，共测量 5 个点，求其平均值。

$$F_l = \frac{m_s}{m_{sl}} \times 100 \quad \cdots\cdots\cdots\cdots\cdots\cdots (3)$$

式中：

F_l—— 漏碎率，%；

m_{sl}—— 每平方米应粉碎还田蔗叶总质量，g；

m_s—— 每平方米未被破碎的蔗叶质量，g。

5 **检验规则**

5.1 **判定规则**

当检验项目全部符合本标准 3.2 的要求时，检验田块的作业质量判为合格；当出现 1 项以上不合格检验项目时，检验田块的作业质量判为不合格。

5.2 **其他检验**

作业有特殊要求的作业质量检验，由服务方和被服务方自行商定。

四、业务工作规范

广西农业机械化技术推广业务规范(试行)

为进一步加强广西农机推广机构规范化建设,提升农机推广公共服务水平,根据《中华人民共和国农业机械化促进法》《中华人民共和国农业技术推广法》和国务院《关于促进农业机械化和农机工业又好又快发展的意见》《关于深化改革加强基层农业技术推广体系建设的意见》《广西壮族自治区农业机械管理条例》,制定本规范。

一、农业机械化技术推广的定义和范围

(一) 农业机械化技术推广定义

农业机械化技术推广是指通过试验、示范、培训、指导以及咨询服务等,把先进适用的农业机械化技术普及应用于农业生产产前、产中、产后全过程的活动。

(二)本业务规范的主要内容及适用范围

本规范规定了广西农业机械化技术推广的基本原则、基本要求、推广程序,给出了农机化管理统计、推广评价和推广成果申报等方法。

本规范适用于本自治区行政区域内的农业机械化技术推广活动。

二、农业机械化技术推广的基本原则

(一)适用原则

因地制宜,经过试验、示范,推广适合本地社会和自然环境需要的农业机械化新技术。

(二)自愿原则

尊重农业劳动者的意愿,让其自主、自愿选择和应用农业机械化新技术。

(三)效益原则

兼顾经济效益、社会效益,注重生态效益。

(四)责任原则

实行推广责任制,谁推广,谁负责。向广大农民推广未在推广地区经过试验证明具有先进性、适用性和可靠性的农业机械产品,给农业机械产品使用者造成损失的,应当承担民事赔偿责任。

三、农业机械化技术推广的基本要求

(一)基本任务及公益性职责

1.农业机械化技术推广的基本任务

根据农、林、牧、副、渔各业生产以及农村建设、农民生活和发展商品经济的需要,推广新机具、新技术,普及农业机械化科学技术知识。推广农业机械化技术一律实行无偿服务。

2. 各级国家农业技术推广机构属于公共服务机构,履行下列公益性职责

(1)各级人民政府确定的关键农业机械化技术的引进、试验、示范。

(2)农业机械化技术的宣传教育、培训服务。

(3)提供农业机械化技术、信息服务。

(4)指导下级农业机械化技术推广机构、群众性科技组织和农民技术人员的农业技术推广活动。

(5)法律、法规规定的其他职责。

(二)农业机械化技术推广的技术要求

(1)推广的农业机械化技术,应适应当地农业发展的需要,并必须在推广地区经过试验证明具有先进性、适用性、可靠性和安全性。

(2)符合国家有关产品标准规定,满足推广应用需要。

(3)禁止引进与推广不符合国家技术规范强制性要求的农业机械产品,保护农民权益。

(三)国家农业机械化技术推广机构及人员要求

(1)国家农业机械化技术推广机构的岗位设置应当以专业技术岗位为主。乡镇国家农业机械化技术推广机构的岗位应当全部为专业技术岗位,县级国家农业机械化技术推广机构的专业技术岗位不得低于机构岗位总量的80%,其他国家农业技术机械化推广机构的专业技术岗位不得低于机构岗位总量的70%。

(2)国家农业技术推广机构聘用的新进专业技术人员,应当具有大专以上有关专业学历,并通过县级以上人民政府有关部门组织的专业技术水平考核。自治县、民族乡和国家确定的连片特困地区,经省、自治区、直辖市人民政府有关部门批准,可以聘用具有中专有关专业学历的人员或者其

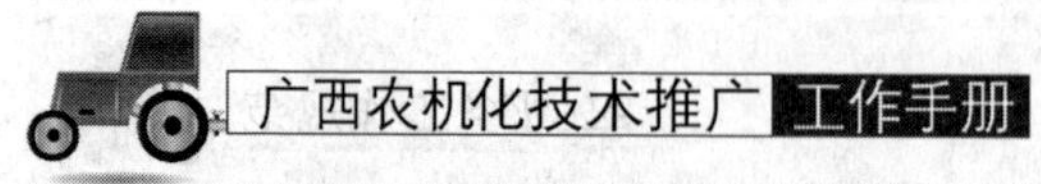

他具有相应专业技术水平的人员。

(3)专业技术人员应当具有相应的专业技术水平,符合岗位职责要求。能根据当地农业发展的需要,帮助农业生产和经营者引进先进适用的农业机械化技术。

(4)专业技术人员应了解和掌握相应的农业科技知识、农业生产经营、教育学和农村社会学知识。

(四)推广的基本条件要求

进行农业机械化技术推广活动的机构应当具有适应的试验、示范、培训、推广、经营、咨询服务的设施和场所,有必需的样机、试验基地、分析测试仪器、宣传电教设备、办公培训用具、通讯设备和交通工具。

四、推广程序

(一)项目选择

推广农业机械化技术应当制定农业机械化技术推广项目。项目选择是一个收集信息、制订计划、选定技术的过程,也是推广的前提。

在调查研究的基础上,结合当地的自然条件、经济条件、生产水平、耕作习惯及农业生产经营者的需求,进行可行性论证,选择或引进先进适用的新技术及各级人民政府确定的关键农业机械化技术,列为推广项目。

(二)试验

试验是推广的前提,进行正确的试验可以对新成果、新技术进行推广价值的评估,确保技术的先进性、适用性、可靠性和安全性。

通过小面积的多点对比试验,获取第一手数据,熟悉掌握技术的各项性能指标,积累经验,发现和解决试验中遇到的问题等,确认具有推广价值的,要同时制定出可供推广应用的技术文件。

(三)示范

示范是推广的最初阶段,目的是进一步验证技术适应性和可靠性,树立样板,宣传、引导农民自觉采用新技术。推广农业机械化技术,应当选择有充分代表性与较强的辐射带动能力的农业经营者、区域或者工程项目,进行应用示范。制定实施方案,明确示范目的、技术路线、组织措施。

(四)培训

培训是指导、传播农业机械化技术的过程,是开始进入大面积推广的准备，也是使农民尽快掌握新技术的关键。遵循因人施教、讲求实用、培养人才的原则。

通过组织农业经营者学习农业科学技术和农业机械化技术知识，提高其应用农业机械化技术的能力。培训的主要形式有：①举办培训班；②开办科技夜校；③召开现场会；④巡回指导、田间传授和实际操作；⑤办黑板报、编印技术要点和明白纸；⑥通过广播、电话、电视、电影等方式宣传介绍新技术。

（五）面上普及推广

决定大面积推广的项目，根据当地实际，因地制宜制订推广计划，包括推广的主要技术、辅助技术、技术路线、主要内容、实施规模、预期目标和组织措施、示范要求、工作进度、投入资金及机具设施、优惠政策等。

采取扩大示范、现场会、巡回演示等多种方式进行广泛的宣传，开展技术培训、技术讲座、技术咨询、印发技术资料等为用户提供技术服务，应用于生产，以促进面上的推广。

（六）评定验收

是对推广工作进行总结的过程，推广结束时，要进行全面、系统的总结和评价，以便再研究、再提高、充实和完善所推广的技术，并产生新的成果和技术。

推广项目按计划完成后，承担单位提出验收申请，提交示范推广项目任务书、实施技术总结、工作总结、技术示范与应用效果证明等相关材料，由下达项目计划的主管部门组织评定验收。对经济效益显著的报评技术推广成果奖。

（七）资料建档

凡完成的推广项目，要建立技术推广档案。由项目负责人组织整理好有关的技术文件和资料，归档保存。并将评定验收的文件交项目下达单位备案。

五、农机化管理统计

（一）统计目的

为了全面准确掌握农业机械化发展情况，为各级政府和农业机械化主

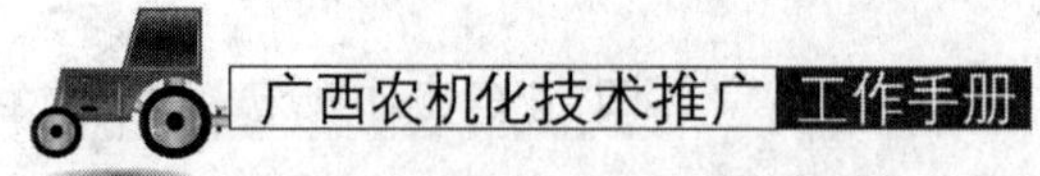

管部门科学制定农业机械化发展政策、搞好宏观决策提供依据，向社会提供农业机械化信息。

(二)统计指标

①农业机械拥有量；②农机化作业情况；③农机化系统机构及人员情况；④农机化服务组织及农机人员情况；⑤农机经营效益；⑥农机系统开展经营、服务情况；⑦农机培训及其他情况；⑧农机维修及农机经销基本情况及经营表；⑨农机化投入情况。(详见附件：农机化管理统计报表指标解释)

(三)统计方法

采取全面统计和抽样调查、重点调查等相结合的办法。

六、推广工作效果评价

对推广的技术或项目进行评价，衡量和明确推广工作的结果是否有显著的效益或价值以及与既定目标相符合的程度。主要评价经济效益、社会效益、生态效益和推广程度。

(一)经济效益

1.经济效益计算公式

$E = S - (X_1 + X_2 + X_3)$

式中：

E—— 推广项目取得的经济效益，包括节支和增收；

S—— 推广农机新技术获得的新增效益［S = 单位增益 × 推广面积(量)］；

X_1—— 推广新技术在生产投入上所需增加值；

X_2—— 推广单位或个人用于技术推广的费用；

X_3—— 采用该项技术付出的其他费用。

2.农业机械化作业水平的计算方法

农作物的机械化作业程度是指粮油作物、棉花、特色经济作物在耕、种、收三阶段的机械化作业程度，其中耕、种、收的权重分别为0.4、0.3、0.3。

(1)耕种收综合机械化水平计算方法

耕种收综合机械化水平＝机耕水平×0.4＋机播水平×0.3＋机收水平×0.3

①机耕水平:指机耕面积占各种农作物播种面积中应耕作面积的百分比。农作物播种面积中应耕作面积等于农作物总播种面积减去免耕播种面积。

②机播水平:指机播面积占各种农作物播种总面积的百分比。

③机收水平:指机收面积占各种农作物收获总面积的百分比。

(2)水稻耕种收综合机械化水平计算方法

水稻耕种收综合机械化水平=水稻机耕水平×0.4+水稻机械播种水平×0.3+水稻机收水平×0.3

①水稻机耕水平:指水稻机耕面积占水稻播种面积中应耕作面积的百分比。水稻播种面积中应耕作面积等于当年水稻总播种面积减去当年水稻免耕播种面积。

②水稻机械播种水平:指水稻机械播种面积占水稻播种总面积的百分比。

③水稻机收水平:指水稻机收面积占水稻收获总面积的百分比。

(3)甘蔗耕种收综合机械化水平计算方法

甘蔗耕种收综合机械化水平=甘蔗机耕水平×0.4+甘蔗机播水平×0.3+甘蔗机收水平×0.3

①甘蔗机耕水平:指甘蔗机耕面积占甘蔗播种面积中应耕作面积的百分比。甘蔗播种面积中应耕作面积等于当年甘蔗总播种面积减去当年免耕播种面积,即当年甘蔗新植面积。

②甘蔗机播水平:指甘蔗机播面积占甘蔗播种总面积的百分比。

③甘蔗机收水平:指甘蔗机收面积占甘蔗收获总面积的百分比。

3.常用计算方法

(1)新增总产量

(2)单位面积增产量

单位面积增产量=实际单位面积产量-前三年平均单位面积产量

(3)新增纯收益

新增纯收益=新增总产值-新增生产费

=单位面积新增纯收益×有效推广面积

(4)新增总产值

新增总产值=单位产量价格×新增总产量

(5)新增生产费

新增生产费=单位面积新增生产费×有效推广面积

(6)单位面积新增生产费

单位面积新增生产费=应用新技术单位面积新增生产费-被替代技术单位面积生产费

(7)投入产出比

投入产出比=总产值/总投入×100%

(8)总产值

总产值=单位产量价格×总产量

(9)总投入

总投入=单位面积生产费×有效推广面积

(10)单位面积生产费

单位面积生产费=单位面积生产资料投入+单位面积机械作业费用

(二)社会效益

社会效益是指推广活动促进了生产发展,改善了劳动生产条件,减轻了劳动负担,节省劳动力,在促进农村产业结构调整、开发农村资源等方面为社会做出的贡献。

(三)生态效益

推广活动有利于保护生态环境,低消耗、无污染、无公害,最大限度满足生态效益和保护环境,使推广的农业机械化技术朝着有利于人类社会进步的方向发展。

(四)推广程度

反映单项技术推广状况的程度,即某技术实际推广规模占应推广规模的百分率。包括新技术推广面积、新机具推广数量、新技术应用范围和覆盖面等。计算公式为:

$$D_{tg} = \frac{L_{yc}}{L_{sc}}$$

式中:

D_{tg}—— 新技术推广程度;

L_{yc}—— 已采用推广该项技术的面积或数量;

L_{sc}—— 适宜采用该项技术的面积或数量。

七、推广成果申报

农机化技术推广成果是农业技术推广成果的组成部分。其管理、评定、奖励办法按《全国农牧渔业丰收奖奖励办法》和《全国农牧渔业丰收奖奖励办法实施细则》的有关规定执行。

申请科技成果则按《科学技术成果鉴定办法》的有关规定执行。

广西壮族自治区农业机械化技术推广总站

2014 年 5 月 18 日

五、广西主要产业生产机械化发展现状

广西水稻生产机械化发展现状

水稻是我国最重要的粮食作物，其播种面积和总产量均居粮食作物首位，在全世界产稻国中，我国播种面积位居第二，总产量居世界之首。我国水稻播种面积占粮食播种面积的27%，全国有超过50%的农民从事水稻生产，稻谷年产量占粮食总产量的43%，是我国50%以上人口的主食。特别是广西，稻米是不可缺少的主食。它对广西的粮食安全，农民脱贫致富和社会稳定发展至关重要。

一、广西水稻产业基本状况

(一)自然状况

广西位于北纬20°54′～26°23′，东经104°28′～112°40′，陆地面积23.6万 km^2，东与广东，北与湖南，西与云南、贵州省交接，南与越南交界；南北长约610km，东西宽约770km，北回归线横贯其中；属亚热带湿润季风气候区域。全年日照时间1 742.48h，平均降水量1 660.5mm，热量丰富、雨量充沛、夏热冬干、年平均温度20.6℃，全年无霜期达341.75天。全区地势为西北高、东南低，全区大都为丘陵地区，有“八山一水一分”田之说法。

(二)基本情况

据统计，到2012年，全区拥有水田面积205.76万 hm^2，其中，早稻约92.98万 hm^2，中稻约14.86万 hm^2，晚稻约97.92万 hm^2，人均水田约为0.04hm^2。稻谷总产量约为1 142万t；按照2012年稻谷平均收购价2 500元/t计算，全区水稻总产值约为285.5亿元。

1.广西种植水稻历史悠久，现以种籼稻为主，杂优稻种植占70%以上；总产量位居全国第七，而平均产量约为6 000kg/hm^2，低于全国平均产量6 210kg/hm^2。

2.广西的水稻种植仍以个体为主，全区300多万户稻农以较落后的生产工具和生产方式种植着广西达146.67万 kg/hm^2 水田，户均耕种水田面积约为0.47kg/hm^2。而近10年来不断发展壮大的种田(种粮)大户手中的水田不到5.33万 kg/hm^2，约占总面积的3.52%，他们的生产工具较为先进，每户租赁的水田2.67～53.33kg/hm^2 不等。

3. 广西水田土壤性质

据调查，广西水田土壤主要有三种，即沙壤土、壤土和黏土，其中，①沙壤土占总田数的 29.5%；②壤土占总田数的 42%；③黏土占总田数的 28.5%，见图。

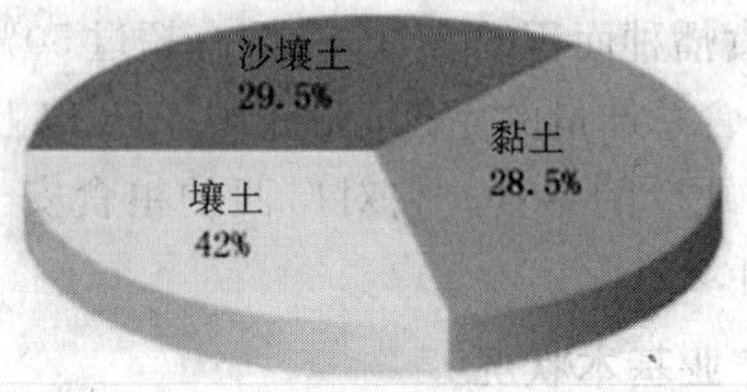

图　广西水田土壤性质情况

4. 水田灌溉概况

据不完全统计调查：

(1)可通过自流灌溉的水田约占水田总面积的 60%；

(2)可通过机械提水灌溉的水田约占水田总面积的 35%；

(3)无法灌溉的望天田约占水田总面积的 5%。

5. 水稻种植品种和种植方式

(1)杂交稻仍是主要的品种，广西从 20 世纪 70 年代开始大面积推广二系、三系杂交稻，使广西水稻产量飞速提高；20 世纪 90 年代，人们对优质大米的需求增大，随之开始较大面积的推广优质的常规稻；近几年各地陆续开始推广超级稻。

(2)广西在 1996 年以前，水稻种植的方法为人工移栽(插秧)和直播；1997 年开始推广抛秧技术后，迅速得到大面积推广应用；目前，广西约有 3%的机械插秧，约有 80%的抛秧，15%的人工插秧，还有很少的应用直播。

二、广西水稻生产机械化发展现状

(一)广西水稻生产机械化发展历程简述

从 1950 年至今，广西的水稻生产机械化发展过程，大致可分为 5 个阶段。

1. 人、畜力农具改良和示范阶段(1950—1957 年)

主要是仿制苏联当时的新式犁耙和脱粒机，1956 年研制成功广西第一台畜力插秧机。

2. 大、中型农机具改良和示范阶段(1958—1970 年)

主要是在各地建立有关的农机科研院所和农机修造厂,形成了广西自主设计与制造拖拉机、脱粒机、收割机、喷雾机和水泵等农机具的能力,在一定程度上提高了广西水稻耕、灌、植保、收获等机械化水平,这阶段发展的重点在耕和灌两个环节的机械制造。

3. 耕作、排灌机具系列产品生产与推广阶段(1971—1980 年)

主要是通过耕、灌机具从单品种到系列产品的发展,使广西农机研制与生产能力显著提高,极大地促进农业机械在水稻生产上的推广应用。例如广西当时能生产小型的工农-12 手扶拖拉机和中型的丰收-37 型拖拉机,同时在水稻种植机械的研制和推广也有较大提高,广西-74 型动力插秧机在广西率先研制成功,并有一定面积的推广使用。到 1976 年全国拥有插秧机 10 万多台、水稻机插面积达 35 万 hm^2,占当时全国水稻种植面积的 1.1%。

4. 低谷后的恢复发展阶段(1981—1998 年)

20 世纪 80 年代初,农村实行家庭联产承包责任制后,土地经营规模缩小,中、小型农业机械应用面积减少,农业机械化、特别是水稻生产机械化滑入低谷、水稻耕、种、收机械化水平大幅度下降。1983 年以后,一批适应单家独户小规模经营生产的小型农机具逐步进入应用,例如,耕整机、微拖,促进了一家一户的水稻生产。机耕水平在 20 世纪 90 年代中期也恢复到 1980 年的水平,之后,随国民经济的飞速发展,农民收入的提高,在 1998 年广西也开始推广自走式水稻联合收割机,农业机械化也开始走上快速发展的道路。

5. 飞速发展阶段(1999 年至今)

进入 21 世纪,社会经济发展要求农村经济跟上步伐,国家更加重视农业,以工补农、购机补贴的政策对农业机械化发展,特别是对水稻生产机械化的发展,起到了极大的促进作用,广西的水稻生产机械化在这阶段发展很快、水稻生产的重点环节收获和种植得以突破,2013 全区水稻的机耕率 90.9%,机插率已达 16.5%,机收率已达 70.6%,水稻生产综合机械化水平已达 58%。

(二)广西水稻生产机械化发展现状

1.广西水稻生产机械化水平及主要机具情况

通过五十多年的发展,广西的水稻生产机械化取得了长足的进步。首先是逐步建立了从研究、制造、推广到维修、培训相对较为完善的农业机械化体系;其次,国家更加重视水稻生产机械化,出台了各种促进发展的政策和措施。在水稻生产的耕作、灌溉、植保、脱粒等环节已基本上实现了机械化或半机械化,广西的水稻生产机械化水平已接近中级水平(表1)。

表1 广西2013年水稻生产机械化水平的主要指标

项目	农机总动力(万kW)	各类拖拉机(万台)	联合收割机(万台)	插秧机(万台)	机耕率(%)	机收率(%)	机插率(%)	水稻生产综合机械化率(%)
数量与作业率	3382	144	2.42	1.45	90.9	70.6	16.5	58

从表1数据可反映出,①平均每亩水田拥有农机动力1.489kW;②每百亩水田拥有拖拉机2.29台;③机耕率已接近最高点(有相当部分的梯田、烂泥田无法机耕);④机收水平仍然较低,有待提高;⑤机插刚起步,机插率太低;⑥全区水稻生产综合机械化水平超过中级(40%)水平,但广西水稻机插秧率只有16.5%,比全国低近18个百分点,水稻机插秧技术推广任重道远。

2.广西水稻生产其他环节的机械化状况

(1) 水稻施肥机械化状况。水稻施肥分底肥和追肥两种,底肥施放方法是采用耕犁前人工撒施田面,再用拖拉机耕整或耙前人工撒施再耕耙的化肥深施机械化技术,在全区已普遍推广应用。追肥大都人工撒施田面不采用机械(不包括叶面肥),而叶面追肥则采用喷雾机(或器)进行机械化或半机械化施用。

(2) 水稻植保机械化状况。广西的水稻病虫害防治,已实现机械化或半机械化,但实际应用中大都采用人工手摇喷雾器,机动喷雾机应用较少,目前植保机械化技术相对落后,喷雾雾化效果不好,农药浪费多,利用率低,农药残留超标,环境污染较严重。

(3) 稻谷干燥机械化状况。广西大部分稻农一般用晒坪、场院和水泥屋顶自然晒干稻谷，而随着种粮大户的涌现，稻谷烘干机械已开始应用，目前广西拥有各类稻谷烘干机 260 多台。

(三)广西水稻生产经营现状

(1)广西的水稻生产目前仍以个体经营为主，但随土地流转政策的贯彻，全区各地涌现很多的种粮大户和水稻种植生产公司。据不完全统计，我区有水稻种植大户 2 万多户，其中经营 3.33～6.67hm^2 的有 2 483 户、经营 6.67hm^2 以上的 267 户。

(2)据 2013 年统计，广西共有农机专业合作社 1 652 个，参加农机专业合作社的稻农约 10 万多户。

(四)国内外水稻生产机械化发展现状

日本、韩国的水稻生产早在 20 世纪就已实现机械化生产，拥有良好的自然条件和先进机械及电子技术，将 GPS 定位遥感、飞机植保和大型复合机械等高精技术应用于水稻生产，生产成本低、产量高、效益高，最显著的特点是，利益最大化前提下的农机与农艺的高度融合。

我国水稻生产中的耕作、植保、收获已基本上实现机械化或半机械化。2012 年全国水稻生产机械化综合水平达 68.8%左右。由于各地自然条件的差异、经济发展不平衡，水稻生产机械化水平参差不齐，江苏、浙江省已基本上实现水稻生产机械化，广西水稻生产机械化尚处于中等水平。

三、广西水稻生产机械化存在的主要问题和对策

(一)问题

(1)经营规模小、田块小、不连片，不能充分体现机械化作业的优势。

(2)各环节发展不平衡，耕整地和收获技术发展快，育插秧和烘干技术发展慢。

(3)农民对育插秧机械化技术的认识、掌握有待提高。

(4)农机社会化服务组织的经营服务水平有待提高。

(二) 对策

(1)用好、用足中央关于土地流转和粮食生产补贴政策。鼓励、支持社会资本投入水稻生产经营，采取公司独立经营、公司加农户、专业合作社、

种粮大户等生产经营模式，把土地集中起来，形成连片开发，规模经营，为水稻生产机械化高效作业创造优良条件。

(2)重点抓好水稻育插秧和烘干机械化技术推广。在实施农机购机补贴政策具体操作中，向育插秧和烘干机具补贴倾斜，加快育插秧和烘干机械化技术推广步伐。

(3)加强育插秧技术培训、示范工作。一是建立完善的农民技术培训机制，形成技术培训规范化、常态化，多渠道、多方法提高农民对育插秧机械化技术的认识，掌握技术和操作技能。二是加强示范基地建设，提高建设标准，通过示范效果引导、带动农民应用育插秧技术。

(4)加强农机社会化服务体系建设。扶持农机服务组织提高经营、服务水平，使其从单一服务向综合服务扩展，如机耕作业服务向机耕、育秧、机插、收获等综合服务扩展；植保服务涵盖病虫害预测、供药、喷药作业服务；稻谷加工企业直接收购湿谷进行烘干作业等，形成覆盖水稻生产全过程的农机作业服务网络。

广西甘蔗生产机械化发展现状

一、广西甘蔗生产状况

甘蔗是广西的优势支柱产业，是农民增收最主要的经济来源。2012 年全区甘蔗种植面积约 112.09 万 hm^2，糖料蔗产量 7 478.12 万 t，列全国首位，产值过千亿元。广西蔗糖业从业人数约 2 000 万人，占全区人口近 40%。

(一)甘蔗种植的自然条件

广西属南亚热带和中亚热带季风气候地区，年平均温度在 20℃以上，年降水量在 1 200mm 以上，年日照时间在 1 500h 以上，全年无霜天数在 330 天以上。土壤以黏壤土、红壤土、石壤土为主，其 pH 值大多在 4.5～8.0，雨量、积温充足，满足甘蔗生长需要，是全球最适宜种植甘蔗的地区之一。

广西与东南亚国家、我国西南腹地的结合部，是中国西南最便利的出海通道，有沿海、沿边、沿江、沿线等便捷的地位优势，在交通、物流时间、供求节点上赢得市场先机，甘蔗产业发展具有独特的区位优势。

(二)甘蔗种植区的分布情况

甘蔗种植主要分布在崇左、南宁、柳州、来宾、百色、河池、钦州、北海和防城港等地。其中崇左、南宁、来宾、柳州为主产区，甘蔗种植面积占全区的 65.74%；贵港、百色、河池甘蔗种植面积占全区的 19.28%；钦州、北海、防城港甘蔗种植面积占全区的 11.74%(表)。

表　甘蔗种植区分布情况

各市	2012 年甘蔗播种总面积(hm^2)
总计	1 094 264
南宁市	151 587
柳州市	114 753
桂林市	4 520
梧州市	2 988
北海市	33 627

续表

各市	2012 年甘蔗播种总面积(公顷)
钦州市	52 111
防城港市	39 147
贵港市	26 706
玉林市	13 484
崇左市	286 415
来宾市	179 307
贺州市	2 153
百色市	102 033
河池市	85 433

(三)甘蔗生产机械化推广应用现状

广西地形多属丘陵山区,地块小,坡度大,其中仅有 20%的甘蔗种植地相对平坦,地块较大;同时,广西的经济基础相对薄弱,农民的购买力低,所以机械化推广应用难度相对较大。但耕整环节深耕深松机械化技术发展迅速,由 2007 年的 15.9 万 hm^2 上升到 2012 年的 42.20 万 hm^2,甘蔗因此增产约 400 万 t,蔗农增收约 8 亿元。2012 年机械化耕整面积 42.20 万 hm^2;甘蔗深耕深松面积 35.69 万 hm^2;机械化(开行)种植面积 26.67 万 hm^2;机械化中耕面积 15.92 万 hm^2;机械化灌溉、滴灌面积 2.06 万公顷;甘蔗机械化收割面积 4.10 万 hm^2。从整体水平看,甘蔗耕整地、田间管理、运输等方面的机械已大面积应用,种植机械处于试验推广阶段。甘蔗的收获环节存在劳动强度大、费工费时、成本高,成为广西甘蔗生产实现机械化的“瓶颈”。近年来,广西从国外引进的切段式甘蔗联合收获机及国内研制整秆式甘蔗联合收获机,均在进行示范推广。

二、广西甘蔗市场状况

广西不仅是中国最大的甘蔗生产区,也是全国最主要的食糖主产地,从 20 世纪 90 年代以来,广西蔗糖业迅速发展,从 1992/1993 榨季开始,蔗糖产量一直处于全国首位,甘蔗种植面积现已占全国种植面积的 65%,甘蔗年产量保持在 7 000 万~8 000 万 t,食糖产量保持在 800 万~1 000 万 t。

(一)制糖企业状况

全区现有制糖企业95家,经过多年的体制改革,全区制糖企业从单一的国有企业逐步转变为有国有、民营、外资等多种经济成分、多种投资主体的集团公司。

近年来,国外市场的糖价普遍低于国内市场,中国—东盟自由贸易区已实行零关税,对国内的食糖市场冲击较大,因此,制糖企业必须通过提高甘蔗的综合利用率来降低成本。

全区的大中型制糖企业,日榨能力已达80多万t,在糖料蔗压榨能力快速提升的同时,制糖企业循环经济得到了快速发展,形成了“甘蔗—制糖—蔗渣—浆纸—废液碱回收”“甘蔗—制糖—废糖蜜—酵母及其抽提物”“甘蔗—制糖—滤泥—生物有机肥”三大循环经济产业链,甘蔗综合利用增加值在整个甘蔗产业链中占的比重越来越大。

(二)甘蔗市场状况

广西甘蔗市场既有市场经济的特点,又有计划经济的指令性政策,既保护了蔗农的收入、糖厂的利益,又稳定了财政税收。政府每年根据物价、成本、自然因素等情况来制定制糖企业收购原料蔗的价格,对各制糖企业划定蔗区收购原料蔗。地方政府则制定相关政策规定不许原料蔗跨区域销售,同时制糖企业出资在各自蔗区内以各种形式补贴蔗农,鼓励蔗农种植甘蔗,如维修运输机耕路、规定种植行距补贴、高糖品种补贴、深耕深松、购机补贴等多项补贴。

三、广西甘蔗生产机械的基本情况

(一)广西甘蔗机械现有的种类

目前广西使用的甘蔗机械共有七大类:耕整地机械、种植机械、中耕培土机械、植保机械、节水灌溉机械、收获机械、蔗叶粉碎还田机械。

(二)各类机械在甘蔗生产中的应用

目前,甘蔗生产机械七大类在甘蔗生产各环节中基本都有应用。但受甘蔗种植自然环境、地形地块、农艺要求、经营规模等因素的影响,尚未实现甘蔗生产全程机械化。

(1)蔗地耕整地机械,以机械深耕深松为主,即采用大型拖拉机配套深耕深松机具，进行深耕深松作业、深耕深松达 35～40cm 以上。

深耕机具对土壤进行破碎、翻转土垡的作业，在一定范围内改变了耕作层的土层结构，将表土翻下，底土翻上，使甘蔗能有效地吸收不同层次的养分；加深耕作层，疏松土壤，降低土壤容重，增加雨水入渗速度和数量，避免或减少地表径流，从而使土壤能有效地接纳自然降水，提高土壤蓄水保墒的能力；改善甘蔗根系的吸收环境，促进根系生长，提高肥料和水分的利用效益，具有显著的增产增收效果；深耕可翻埋蔗叶、残茬、杂草，增加有机肥，培肥地力，实现甘蔗高产稳产。2012 年共完成作业 35.69 万 hm^2，占广西蔗地种植面积的 31.84％。

(2)种植机械是指使用甘蔗种植机械一次性完成开行(沟)、施肥、斩种、消毒、摆种，覆土、镇压、盖膜等工序与环节。具有行距整齐，作业效果好，有利于甘蔗中耕、施肥、喷药、收获等机械化作业；行(沟)深宽适宜，实现深种浅培，增强甘蔗抗旱抗倒伏能力；作业效率高，成本低。2011 年已开始在六个甘蔗主产区示范推广。

(3)中耕培土机械是指对蔗地进行一次性完成碎(松)土、除草、施肥、培土的作业。中耕培土是甘蔗田间管理的一个重要环节，其主要作用：一是抑制无效分蘖和除草的作用；二是防止土壤水分蒸发，有保墒的功能；三是可以破除土壤板结，疏松表土、增加通气性，调解土壤生理机能；四是让更多根须与土层接触，帮助吸收水分和养分，提高肥料利用率，防止倒伏。2012 年共完成作业 15.92 万 hm^2，占甘蔗种植面积的 14.20％。

(4)植保机械是通过喷头雾化装置将药水形成细小雾滴喷洒在农作物上。其类型有低量喷雾、自动对靶施药、飘移、精密施药等。2012 年完成作业面积 19.56 万 hm^2。

(5)节水灌溉机械，是通过电动机或柴油机连接水泵，将灌溉水加压进入各级管道，经喷水装置将灌溉水均匀喷洒到灌溉地面上或经过滤装置、灌水器将灌溉水滴于作物根系。建设节水灌溉设施，推广应用喷滴灌系统，消除旱患，确保甘蔗稳产高产。2012 年有 2.06 万 hm^2 蔗地使用喷滴灌系统。

(6)甘蔗收获机械是采用甘蔗联合或分段式收获机械进行甘蔗收获的作业。其作用是促进甘蔗规模化经营和农业产业化的发展；大幅度减轻劳动强度，节省劳动力，提高工效，降低生产成本；蔗头留茬低，有利于宿根蔗

低位分蘖，蔗芽萌发和分蘖多，蔗芽整齐粗壮，提高甘蔗产量。2012 年有 4.1 万 hm^2 蔗地使用甘蔗收获机械。

(7)蔗叶粉碎还田是指采用蔗叶粉碎还田机对弃置在蔗地表面上的蔗叶、蔗梢进行就地粉碎还田。据测定，每公顷产甘蔗 7.5 万 kg，约有 1.35 万 kg 的蔗叶，相当于 $1hm^2$ 蔗地施尿素 114kg，钙镁磷肥 154.5kg，氮化钾 274.5kg，还有丰富的有机质和甘蔗生长所需的多种营养元素。同时有效改良土壤，避免板结，增强土壤抗旱保墒能力，推广应用的前景非常广阔。2012 年全区推广应用蔗叶粉碎还田机 110 台，每年粉碎蔗叶还田 1.67 万 hm^2，有力地促进了蔗叶粉碎还田机械化技术的推广应用。

四、广西甘蔗生产机械化发展趋势

广西蔗区生产条件差异很大，地形复杂、地块面积小、立地条件差，经营方式多样。因此，根据不同的自然条件和经营方式，采用不同的机械化生产模式和技术路线。在大面积缓坡地地区，以大中型拖拉机、联合收获机作业为主，通过试验示范，逐步推进大型高效全程机械化；在丘陵坡地地区，以中小型拖拉机、联合收获机作业为主，实行轻简栽培，逐步推进联合收获和分段式机械化收获作业；在山区坡耕地，主要发展微小型耕种收机械化作业，重点解决甘蔗砍运等问题。主要有以下几种发展模式。

(一)大规模全程机械化模式

重点发展大型多功能联合作业。适用于 6°以下缓坡地，大面积地块(长度 300～500m 以上)；适宜在广西沿海地区、桂南地区、桂中南地区的农垦、地方农场、规模化经营的甘蔗生产基地。根据农机农艺融合要求，选用适应宽行距、宿根性好、蔗糖分耐转化能力强的品种。主要采取农垦系统机械化服务队、糖厂组建机械化服务队或由农机生产、销售企业成立服务公司和农机专业合作社等经营模式。

(二)中等规模全程机械化模式

重点发展轻简型机械化生产。适用于 6°以下地块较小(50～200 米级)的缓坡地，部分条件较好的 6°～15°丘陵地。适宜在桂中、桂东南低山、丘陵地区及小平坡地。根据农机农艺融合要求，采用适应宽行距、宿根性好、抗倒伏好、易脱叶的品种。采取农机专业合作社、专业户经营或服务队等作业经营模式。

(三)小规模部分机械化模式

重点发展小型机械化生产。适用于6°～15°丘陵地,地块较小(20～50米级)。适宜在广西桂南、南宁南部及崇左山区、桂中西部、桂西河池和百色山区。根据农机农艺融合要求,采用宿根性好、抗倒伏好、易脱叶的品种。采取农机专业合作社、农民自营和部分服务队等作业经营模式。

五、广西甘蔗生产机械化存在的问题和对策

(一)存在问题

1.劳动力不足

随着城镇化的加速推进,农村劳动力转移迅速,从农业生产的劳动力呈逐年下降趋势。目前,在农村从事农业生产的劳动者存在年龄偏大,对于使用机械化的意愿力不从心,限制了机械化的应用。

2.自然条件差

广西蔗区自然环境较差,基础设施不完善,甘蔗种植区主要集中在旱坡地和丘陵地、地块小不规则、机耕路不完善、灌溉条件差、生产规模小,机械化程度低,大中型机械的使用受到严重的制约。

3. 农机与农艺融合欠佳

广西蔗区分布区域较广,传统的种植方式差异性较大,农艺要求也不尽相同,尤其是种植行距在70～130cm,跨距过大,机械适应性就显得差。

4.部门协调不一致

甘蔗机械化生产是一个系统工程,搞好蔗农、农场、糖厂、糖业公司及相关政府部门之间的协作,才能使机械化得到真正的推广应用。尤其是甘蔗机械化收获,还缺乏统一的扣杂标准,各制糖企业自行制定,扣杂最高的达15%,一般在1%～5%,严重影响甘蔗机械化的发展。

(二)广西甘蔗生产机械化发展的对策

1.落实扶持政策、加大资金投入

近年来,随着农机购置补贴力度逐年加大,有效的促进优势农产品区域产业化的发展。中国是个产糖大国,在世界排名第三位,而广西蔗糖产量占全国65%以上,要保证广西蔗糖产业可持续发展,单靠广西的财力是不够的,需要国家财政的大力扶持。为加快甘蔗生产机械化的步伐,建议国家安排建设专项资金,发展甘蔗生产机械化,在购机补贴上,对甘蔗种

植、中耕、收获、蔗叶粉碎还田等机械列入国家购置补贴计划，并加大单机补贴力度。

2.加快制定机械化作业补贴政策

加快制定农机作业补贴政策，由财政、制糖企业共同投资，试点实行农机作业补贴，并逐年加大推进甘蔗机械化作业补贴政策力度，对甘蔗的机耕、种植、管理、机收等作业环节进行一定额度的作业补贴。

3.加大土地整合力度

加大土地整合力度，探索土地流转模式，建立土地整理财政补贴机制，鼓励社会资金投入，进行土地流转和集中规模化整治，完善农业生产基础设施建设，推进甘蔗生产集约化、规模化、标准化作业，加快机械化生产进程。

4. 建立健全农机社会化服务

创新甘蔗机械化生产服务模式。依托农机专业合作社建立甘蔗机械化生产综合作业队，扶持甘蔗种植大户的机收作业，培植甘蔗机械化生产专业户。在国家农机购置补贴政策的扶持下，建议制糖企业投入资金给予扶持，激发广大蔗农积极购买和使用甘蔗机械的积极性，有效地推进甘蔗机械化发展，实现蔗农增收。依托农机合作社提供社会化服务，发展多种形式的农机合作组织。要强化合作社的组织管理、作业规范、质量标准与技术培训，保证机具能充分地发挥其最佳功效

5.加强农机与农艺融合

农机农艺相互适应，相互协调，共同发展。农机化主要解决农作物的耕种收机械，与农艺相融合。因地制宜，科学选型配套甘蔗机械化装备，选用适宜机械化的良种，通过科学的耕整、种植、中耕培土、植保、节水技术、收获等技术的集成应用，做到农机与农艺融合，使广大蔗农改变传统的生产观念，加速机械化的推广应用。

6.建立示范基地，制定标准

建立甘蔗生产机械化示范基地，实现我区糖料甘蔗可持续稳定发展。通过调查研究，广泛征求甘蔗专家、制糖企业、甘蔗机械工程技术人员的意见，在试验示范的基础上，制定适合广西甘蔗生产机械化的生产、管理标准体系，采取多元化投资建设机械化生产标准示范蔗区，抓好机械化示范基地建设，引导广大蔗农按照集约化、规范化、标准化种植甘蔗。

7. 强化技术培训

通过实施政府培训工程，发展农村新兴服务业，提高农村就业率和人口素质，有益于农村经济社会发展。有关部门强化甘蔗生产机械化技术培训服务，采取开办培训班、现场示范讲解、实地操作指导等多种形式的技术培训工作，不断提高广大农民对机具的结构性能、操作技能和维护保养的认识，推动甘蔗生产机械化技术的推广应用。

总之，发展甘蔗生产机械化技术，是由传统的农业向现代的农业跨越，解决了目前劳力紧缺，请工难的问题。要实现甘蔗生产机械化技术，关键是要突破甘蔗种植和收获机械化的“瓶颈”，要突破两大“瓶颈”，特别是收获机械化，必须列入国家级技术攻关项目。根据广西区情，加强农机与农艺融合，开发先进实用的甘蔗机械，以满足市场的需要。

广西水果生产机械化发展现状

水果生产机械化是衡量水果产业水平的重要标志，是实现水果生产现代化的必经之路，只有采用先进的农业技术和科学的管理方法，才能够大幅提高生产力水平，减少农药对生态环境的危害，有利于水果产业向节约型和绿色环保型方向发展，对发展现代化农业和循环农业，建立资源节约型和环境友好型农业起到积极的作用。随着经济的发展和农业产业结构的调整，水果种植面积越来越大，已成为农村经济的重要支柱和农民收入的主要来源。

一、广西水果产业状况

(一)自然状况

广西位于东经 104°28′～112°04′、北纬 20°54′～26°23′，北回归线横穿广西中部，红水河、左江、右江、柳江和桂江从西北向东流，形成的西江水系横贯全区境内。广西气候温暖，雨水充沛，气候条件适宜于发展热带和亚热带水果。

(二)水果生产现状

广西是我国南亚热带水果的重要产区，2012 年广西水果种植面积为 99.72 万 hm^2，全年水果总产量达 1 031 万 t。其中，柑橘产量 315.42 万 t，蕉类 256.6 万 t，荔枝 53.06 万 t，龙眼 50.41 万 t，芒果 21.76 万 t，葡萄 31.89 万 t，柿子 73.76 万 t。热带亚热带水果产量居全国第二，柿子产量居全国首位。水果总产值达 208.81 亿元，有力带动全区农业增效农民增收。

广西南亚热带面积达 47%，具有发展果品生产特别是南亚热带水果得天独厚的区域优势。在全区水果种植面积中，荔枝种植面积 23.6 万 hm^2，香蕉种植面积 6.24 万 hm^2，龙眼种植面积 22.57 万 hm^2，芒果种植面积 4.13 万 hm^2，柑橙种植面积 13.6 万 hm^2，柚类种植面积 5.13 万 hm^2。水果主要品种、产量及产地分布见表。

二、水果生产机械化发展状况

目前，水果品种众多，在水果生产过程中使用的机械主要有：

(1)耕整机械。对丘陵山地，沿坡面等高线按行距用推土机或挖掘机修成一定宽度的水平梯田；缓坡荒地可用大马力拖拉机或挖掘机开垦。

表　2012年水果主要品种产量及产地分布情况

品种	总产量（万 t）	比上年增减（%）	主要产地
蕉类	256.60	12.02	南宁、钦州、玉林、崇左、百色、北海
其中：香蕉	230.28	11.92	南宁、钦州、玉林、崇左、百色、北海
柚子	51.33	8.56	桂林、玉林、柳州、河池
其中：沙田柚	47.28	8.51	桂林、玉林、柳州、河池
柑	224.57	0.00	桂林、柳州、贺州、梧州、钦州、来宾
橙	90.85	9.51	桂林、柳州、贺州、梧州、钦州、来宾
荔枝	53.06	0.00	钦州、玉林、南宁、崇左、贵港
龙眼	50.41	6.44	崇左、南宁、贵港、钦州、玉林
芒果	21.76	18.64	百色、南宁、钦州
菠萝	3.05	3.89	南宁、崇左
梨	25.77	6.66	桂林、贺州、河池
枣子	2.24	5.16	桂林、贺州、南宁
柿子	73.76	9.63	桂林、贺州、河池
葡萄	31.89	17.11	桂林、柳州、来宾、河池、百色
桃	21.26	10.63	来宾、桂林
猕猴桃	0.28	14.07	百色、桂林
李子	31.81	7.83	桂林、来宾、百色、贺州

(2)种植机械。沟种采用挖沟机、挖掘机作业，穴种采用挖坑机作业。

(3)施肥机械。施肥方法有喷施（叶面肥）、撒施（复合肥）、沟（穴）施（厩肥）、灌施（液肥）。喷施可使用喷洒农药水的器械；液肥用水泵抽灌；复合肥直接撒在果树下；厩肥需要开沟（穴）施放，然后覆土遮盖，开沟时可使用开沟机具。

(4)植保机械。多数使用药液进行病虫害的防治，喷洒药液的器械品种齐全，依据树冠和害情选用相应的喷药机具。

(5)中耕机械。主要是对果树行间进行松土和翻除杂草，可使用旋耕机一次完成松土和除草。

(6)灌溉机械。按水果生长时期浇水、干旱浇灌、喷水降温,果期浇水、灌水防冻、沟浇施液肥等。除自流沟灌外,喷灌、滴灌、微喷灌等视种植情况选用相应的设施和设备。

(7)修剪机械。可改善光照条件,增强光合作用,控制果树长势,主要靠人工完成,对高大的果树品种,如梨、柿、大果山楂等可使用机动修剪机具。

(8)采摘集运机械。目前采摘基本上靠人工完成,还没有自动摘果机械。采摘后集运视果园地形条件可使用各种车辆。

(9)采后处理机械。有分级、清洗、打蜡、涂液、包装等处理。对果形大的使用分级机分级;脐橙有清洗、打蜡、分级一体机。

三、水果生产机械化技术发展趋势

近年,我国水果产业快速发展,带动农民增收致富,但也面临着一些新的矛盾和问题。目前,水果产业布局、结构仍不合理,非优势区种植面积过大,大宗水果交易比重过高,深加工比重偏小。水果生产机械化新机具、新技术的研发及推广主要有以下几方面:

(1)节水灌溉技术。节水灌溉的主要指喷灌、低压管灌、滴灌、微喷灌等。实行节水灌溉工程后,可以减少灌溉过程中劳动力配置,保持土壤湿润和疏松,气性良好,对建于丘陵山地、荒地和旱地的果园能供给果树充足的水分,从而提高品质,增加产量,而且易溶性肥料等可随水施放,节省人力。

(2)设施栽培技术。目前,北方地区的节能日光型温室、南方地区的遮阳网栽培迅速发展,使得水果设施生产已由传统的“春提前”、“秋延迟”向“冬季生产”和“夏季生产”转变,设施栽培的材料和结构设施日趋现代化、高科技化,设施栽培、无土栽培的环境控制和生产安全性得到进一步改善,使设施栽培逐步实现机械化、信息化,向精准农业方向迈进。

(3)植保机械技术。喷洒药液防治病虫害是水果生产过程中用工量较大的一个环节,使用机动柱塞泵喷洒药液仍然要靠人工来把握喷枪,劳动强度大。对于面积较大的果园,使用远程移动喷洒机械技术,可以提高工效,减轻劳动强度和降低生产成本。

(4)贮藏加工技术。新鲜水果在贮运过程中很容易变质,严重影响其商品价值和经济效益，因此开发新型、高效、实用的保鲜技术和保鲜材料已成为亟待解决的问题。水果制品的加工工艺、质量标准以及水果采后分级、包装、冷链运输技术具有很大的开发潜力。

四、广西水果机械化发展存在的主要问题

(1)区域布局不够合理，品种结构有待优化。

(2)种植技术落后，优质高档果率低，品种结构搭配不合理，加工专用品种缺乏和原料基地不足。

(3)果品精深加工程度低，产品附加值低，综合利用开发较差。

(4)商品化处理程度低，品牌意识薄弱。

(5)水果加工技术及机械发展相对滞后，质量标准和安全生产保障体系落后。

(6)产业化和组织化程度低。

五、水果机械化发展对策

(1)大力发展水果业机械化，大幅度提高劳动生产率，减轻林果业对劳动力的需求压力。

(2)重视水果包装研发工作。由于水果是有生命的活体，在包装中针对不同品种的生理特性采取不同的措施。包装设计新颖、美观、实用，注重品牌宣传。

(3)注重品牌的培养和保护，除了有过硬的产品质量、严格商品化处理以外，提高水果产品标准体系与质量控制要求。进一步完善热带水果苗木繁育制度、优质大苗技术体系及绿色栽培技术，不断扩张产业规模，降低生产成本，提高抗市场风险的能力。

(4)强化果园的机耕道建设。有条件的果园，要修好机耕道，改善农机化技术在果园建设中的基础设施条件。特别是要改善鲜果的运输条件，降低成本和多次搬运损伤，增加果农收入。

(5)大力推广果品机械化粗精加工技术。首先要大力推广机械化打蜡、分级、包装技术。每个水果主产县、乡镇、村和种植、营销大户，建立机械化果品清洗、打蜡、分级、包装生产线，提高初加工能力。强化采后鲜果的机械化商品化处理、储藏、加工水平技术，提高商品化处理率和优质果率，增加产品附加值和果农收入，实现优质优价。

(6)重视水果加工业的发展，提高果品加工能力。建立与目前种植面积和产量相配套的加工业，重点应从“农”向“工”转移，确立加工优先的产业发展原则，在规模性热带水果产区扶持建立一批水果加工龙头企业，通过有的放矢的扶持，使他们真正成为保障和引领农民致富的产业龙头。主要的水果加工品包括：果汁、果酒、罐头、蜜饯、水果干燥食品、水果油炸食品、水果膨化食品、水果粉、水果功能成分等产品。拉长产业链条，做大做强广西水果产业，提高农民收入和地方财政收入。

广西玉米生产机械化发展现状

一、广西玉米生产状况

广西是南方玉米生产大省之一，玉米在广西是仅次于水稻的第二大粮食作物，主要用作口粮。2012 年广西玉米播种面积为 580.5khm²，占粮食作物播种面积的 18.9%，农作物播种面积的 9.5%；产量 250.60 万 t，占全区粮食作物总产量的 16.88%；单产 4 317kg/hm²；玉米播种面积构成具有相对集中的特点，其中，百色占 24.5%，河池占 23.1%，南宁占 11.6%，其他市所占比例均低于 7%，百色、河池、南宁三市玉米播种面积接近全区播种面积的 60%，见表。

广西玉米集中种植区的生态条件比较恶劣，绝大部分为石山区，光照不足，春旱秋旱严重，基本无灌溉条件，很多地方常因春旱播不下种，因秋旱“卡脖子”；在旱地玉米生长后期，一些地方还容易发生洪涝灾害。玉米主产区的旱地，大约有 80%为坡地，许多坡地坡度>25°，而且耕层浅，有机质含量少，氮、磷、钾含量低，属瘠薄地。

非玉米主产区社会经济较发达，交通方便，市场发育相对较健全，水资源远比玉米主产区丰富，耕地肥力状况较好，耕作水平、生产性投入比主产区要高。非玉米主产区主要为丘陵地带，粮食以双季稻为主，少数为单季稻区，玉米仅作为杂粮或饲料粮。非玉米主产区玉米播种面积约占全区玉米面积的 20%，大多种在不适宜发展水稻的山坡地和旱田。广西的特用玉米，主要有甜玉米和糯玉米。糯玉米仅零星种植，甜玉米近年在主要城市的市郊发展较快。

目前，广西玉米生产上使用较多的品种有正大 619、迪卡 007、农校 18 号、玉美头 102、玉美头 168、桂单 22 号和 30 号等，这几个品种播种面积总和占广西玉米生产总面积的 90%左右。

二、广西玉米市场状况

广西玉米主要用作口粮消费，比例高达 70%～80%，以玉米为主要口粮的人口约 1 000 万人，饲料消费比例约为 20%。普通玉米加工消费很少，主要为甜玉米、糯玉米加工产品。据统计，我区玉米常年从区外调入约 200 万 t，供需缺口较大。

表 2012年全区玉米农作物生产情况一览表

自然情况 各市县	种植面积（万 hm^2）	年产量（万 t）	平均产量（kg/hm^2）	机耕面积（万 hm^2）	机收面积（万 hm^2）
全区合计	58.05	250.6	4 317	27.90	0.0595
南宁市	10.95	53.19	4 858	7.06	0.0335
南宁市辖区	2.11	10.64	5 037		
武鸣县	2.04	11.60	5 674		
隆安县	1.34	6.30	4 706		
马山县	1.93	8.33	4 311		
上林县	0.82	3.44	4 199		
宾阳县	0.77	3.65	4 757		
横县	1.98	9.23	4 667		
柳州市	1.96	8.54	4 356	1.19	0
柳州市辖区	0.19	0.99	5 306		
柳江县	0.60	2.70	4 467		
柳城县	0.30	1.32	4 356		
鹿寨县	0.41	2.00	4 899		
融安县	0.14	0.51	3 602		
融水县	0.21	0.68	3 265		
三江县	0.10	0.35	3 660		
桂林市	3.60	17.77	4 938	1.63	0.0234
桂林市辖区	0.03	0.10	3 616		
阳朔县	0.30	1.27	4 215		
临桂县	0.10	0.54	5 447		
灵川县	0.24	1.14	4 819		
全州县	0.48	2.41	5 030		
兴安县	0.54	2.99	5 516		
永福县	0.27	1.31	4 928		

续表

自然情况 各市县	种植面积（万 hm^2）	年产量（万 t）	平均产量（kg/hm^2）	机耕面积（万 hm^2）	机收面积（万 hm^2）
灌阳县	0.21	1.09	5 177		
龙胜自治县	0.20	0.92	4 544		
资源县	0.10	0.45	4 601		
平乐县	0.39	2.15	5 590		
荔浦县	0.26	1.36	5 302		
恭城自治县	0.49	2.03	4 121		
梧州市	0.78	3.16	4 074	0.07	0
梧州市市辖区	0.06	0.25	4 256		
苍梧县	0.08	0.33	4 367		
藤县	0.14	0.55	3 883		
蒙山县	0.26	0.98	3 813		
岑溪市	0.25	1.05	4 222		
北海市	1.01	4.64	4 606	1.14	0
北海市辖区	0.22	0.92	4 225		
合浦县	0.79	3.72	4 737		
防城港市	0.80	3.34	4 161	0.48	0
防城港市辖区	0.40	2.08	5 180		
上思县	0.35	1.09	3 087		
东兴市	0.04	0.16	3 840		
钦州市	1.77	8.27	4 677	0.77	0
钦州市辖区	0.93	4.22	4 559		
灵山县	0.50	2.33	4 653		
浦北县	0.35	1.73	4 917		
贵港市	2.72	14.95	5 496	1.97	0
贵港市辖区	1.51	8.25	5 455		

续表

自然情况 各市县	种植面积 （万 hm^2）	年产量 （万 t）	平均产量 （kg/hm^2）	机耕面积 （万 hm^2）	机收面积 （万 hm^2）
平南县	0.24	1.17	4 801		
桂平市	0.96	5.53	5 737		
玉林市	1.22	6.31	5 163	0.37	0.0026
玉林市辖区	0.09	0.44	5 117		
容县	0.19	1.00	5 255		
陆川县	0.20	1.06	5 297		
博白县	0.26	1.36	5 152		
兴业县	0.29	1.43	5 019		
北流市	0.20	1.02	5 154		
百色市	12.30	51.80	4 212	3.91	0
右江区	0.70	3.15	4 483		
田阳县	1.04	4.64	4 465		
田东县	0.77	3.42	4 445		
平果县	1.16	4.72	4 067		
德保县	1.04	4.32	4 140		
靖西县	2.42	10.77	4 453		
那坡县	0.69	2.64	3 855		
凌云县	0.57	2.01	3 539		
乐业县	0.71	3.13	4 410		
田林县	1.20	4.94	4 124		
西林县	0.71	3.02	4 264		
隆林自治县	1.29	5.03	3 893		
贺州市	1.42	6.26	4 411	0.38	0
平桂区	0.26	1.15	4 344		
八步区	0.29	1.23	4 289		

续表

各市县＼自然情况	种植面积（万 hm^2）	年产量（万 t）	平均产量（kg/hm^2）	机耕面积（万 hm^2）	机收面积（万 hm^2）
昭平县	0.21	0.91	4 236		
钟山县	0.21	0.96	4 537		
富川自治县	0.46	2.01	4 361		
河池市	11.23	42.41	3 776	4.41	0
金城江区	0.46	1.94	4 249		
南丹县	0.72	2.56	3 550		
天峨县	0.86	3.47	4 055		
凤山县	0.52	2.03	3 928		
东兰县	0.56	1.99	3 569		
罗城自治县	0.70	2.64	3 766		
环江自治县	0.70	2.56	3 674		
巴马自治县	0.82	3.13	3 809		
都安自治县	2.25	7.79	3 457		
大化自治县	1.56	5.07	3 247		
宜州市	2.04	9.23	4 530		
来宾市	2.82	12.85	4 561	1.58	0
兴宾区	1.05	5.11	4 846		
忻城县	0.89	3.82	4 300		
象州县	0.28	1.35	4 762		
武宣县	0.39	1.79	4 556		
金秀县	0.15	0.57	3 722		
合山市	0.06	0.21	3 777		
崇左市	3.41	12.67	3 720	2.94	0
江州区	0.28	1.00	3 549		
扶绥县	0.32	1.11	3 514		

续表

自然情况 各市县	种植面积（万 hm^2）	年产量（万 t）	平均产量（kg/hm^2）	机耕面积（万 hm^2）	机收面积（万 hm^2）
宁明县	0.20	0.75	3 791		
龙州县	0.21	0.82	3 875		
大新县	0.75	2.93	3 904		
天等县	1.53	5.75	3 746		
凭祥市	0.09	0.31	3 438		

玉米深加工是延长产业链、大幅度提高玉米附加值的最有效途径。以玉米为原料生产的淀粉，化学成分最佳、成本较低。可用于酿酒、生产变性淀粉和造纸、食品、纺织、医药等行业，产品附加值得到大幅提高 。近年来，广西对玉米饲料加工和特用玉米粒罐头出口加工企业的支持建设，对周边地区的专特用玉米生产起到积极的促进作用，农民种植玉米的热情很高，收益也较大。

三、广西玉米生产机械化的基本状况

广西玉米多种植在山坡地或丘陵地带，种植地块面积小且分散。因此，广西玉米生产机械以小型农机具为主。玉米生产的耕整地、播种、植保、收获四个主要环节机械化情况如下。

耕整地：利用手拖或中拖，基本实现机械化作业；

播种：利用小型农机具可以实现机械化播种；

植保：利用手拖实现机械化中耕培土；

收获：有联合收获和分段收获两种方式。联合收获可实现玉米摘穗、果穗剥皮、秸秆还田、果穗集箱、自动卸粮及田间运输等作业，在广西的应用为试验示范阶段；分段收获即使用人工采收和机械脱粒，是目前广西主要采取的收获方式。

2012 年广西玉米播种面积为 58.05 万 hm^2，机耕面积为 27.897 5 万 hm^2，机收面积为 0.059 5 万 hm^2。2012 年玉米机耕水平为 48%，机收水平仅为 0.1%。

2012 年以前，全区仅有百色市引进背负式玉米收获机一台。2013 年，广西北海市合浦县种植大户引进两台玉米种植机和两台玉米联合收获机进行示范应用。

四、广西玉米生产机械化发展趋势及问题

（一）玉米生产发展趋势

玉米作为我国的主要粮食作物，2007 年我国玉米种植面积为 2 760 万 hm^2，玉米单产 5 394kg/hm^2，年产量约 15 000 万 t，分别占粮食种植面积的 26%和粮食总产量的 30%，在粮食生产中占有极重要地位。我国玉米生产主要集中在三大区域，东北春玉米种植区、黄淮海夏玉米种植区和南方山地丘陵玉米种植区，其中长江以北 14 省（市、自治区）种植面积约为 1 800 万 hm^2，占全国玉米种植总面积的 2/3。我国玉米种植地域范围广，玉米品种、植株性状、产量差异较大，决定了玉米高度、穗位高度、茎秆直径、果穗大小等植株性状千差万别，玉米种植模式也多种多样，从种植方式上分平作和垄作，从种植行距上分多种等行距和繁多的宽窄行，种植方式和习惯还难以统一，要求在逐步推广以播种和收获为中心环节的标准化种植的基础上，采取农机与农艺相结合的方法，发展玉米生产机械化。针对不同地区的玉米生产特点，对于玉米收获机械的要求也不同，特别要求玉米收获机在适应多种行距方面有所突破。

（二）玉米生产机械化技术发展趋势

长期以来，我国玉米生产机械化发展进程比较缓慢，机械化程度总体偏低，且机播、机收水平的发展极不平衡。2007 年玉米种植面积为 1 547.84万 hm^2，机械化水平达到 56.0%，机收总面积仅 124.80 万 hm^2，收获机械化水平为 4.52%，玉米收获机械化发展缓慢已成为制约玉米生产发展的瓶颈。从国内玉米生产机械化技术的发展和应用状况看，播种机械化技术总体应用水平和普及程度较高，播种机械装备北方以大中型为主，南方以小型为主；田间管理机械化技术的应用水平和程度不同种植区域的差异很大，田间管理机械装备除北方部分种植区使用一些大型机械，其余种植区以中小型为主，深松作业多采取行间深松方式，机具以小型行间深松机为主，中耕追肥作业机具也以小型机具为主，植保机械以背负式手动或机动弥雾喷粉机居多；收获机械化技术的应用程度和装备数量比较滞后，

目前，玉米联合收获机保有量达到1.5万台，黄淮海地区主要是悬挂式与自走式玉米联合收获机为主，我国北方以大型自走式机型为主，云南、贵州等山区以小型悬挂式为主。

(三)广西玉米机械化关键技术及示范

玉米机械化技术包括机械化播种技术、机械化田间管理技术、机械化收获技术。其中，玉米机械化播种、收获技术是广西玉米机械化关键技术，是实现机械化的重点和难点。

1. 玉米机械化播种技术的示范

2013年广西省北海市引进了两台2BMJ系列玉米播种机，型号分别为2BMJ－2型和2BMJ－3型玉米免耕精量播种机，分别为两行机和三行机，适用行距分别为50～90cm、50～70cm。

2. 玉米机械化收获技术的示范

2013年北海市引进了4YZ－2A型两行自走式玉米联合收获机、4YZB－2型自走式玉米联合收获机，适用行距范围50～75 cm。

(四)影响广西玉米生产及机械化发展的因素

玉米机械化收获一直是制约广西玉米生产机械化发展的瓶颈。主要因素有：一是农机与农艺配套难，各地玉米种植的农艺差别很大，行距不统一，不利于各生产环节机械化作业，玉米收获机械的推广涉及农机与农艺等多个部门，由于各部门间的技术脱节，致使机具适用性不佳，效益不理想，影响农民的接受和使用；二是玉米收获机械生产企业专业化程度偏低，由此造成制造水平不高，规模普遍偏小，加工工艺落后，产品的适应性、可靠性有待进一步的改进和提高；三是受地势(玉米主产区的旱地，大约有80%为坡地，许多坡地坡度>25°)和种植地块小且分散的限制，使农民对玉米机械收获的认识和接受能力低，导致玉米机械化收获起步晚；四是农民的购买力低，机具的利用率低，一年的作业时间仅20天左右，不能实现跨区作业，经营者的经济效益低。这四个因素在很大程度上影响了玉米收获机械化技术的推广及应用。

五、对加快广西玉米生产机械化发展的初步设想

(一)大力推动玉米生产农机装备的科技创新

从解决玉米生产适用机具装备着手，更加注重技术创新，在玉米生产尤其是机械种植和机械收获的重大关键技术领域，创新能力和水平要加快提升。相关部门要加大鼓励和支持农机生产企业结合广西玉米种植特征、自然条件，结合农机农艺融合需求，并考虑土地流转发展趋势，进行玉米种植和收获机械等重大的关键机械设备进行技术攻关，积极组织科研、院校及生产企业开展联合攻关，为装备研发提供技术支持。各级农机部门要深入实地了解玉米种植自然情况和机械化水平，为企业装备研发提供基础信息服务，共同做好试验示范，增强玉米生产机械装备在广西作业的适用性，不断提高玉米生产机械装备水平，为促进广西玉米生产机械化发展提供物质装备支撑。

(二)加强试验示范、宣传培训工作

(1)通过在示范基地内建立玉米机械化收获技术对比试验示范区，开展对比试验示范活动。以点带面辐射带动周边玉米收获机械化技术的普及应用。要积极开展玉米收获机械化技术培训服务，采取开办培训班、现场示范讲解、实地操作指导等形式开展技术培训工作，不断提高广大农民对机具的结构性能、操作技能的认识，推动玉米收获机械的推广应用。

(2)农机部门要开展多样性的宣传活动，提高广大农民对先进玉米收获机械的认识，以召开现场演示会、购置补贴洽谈选型会等多种形式为平台，使广大农民近距离与玉米机械生产厂商沟通、接触，听取厂家的产品介绍，观看机具现场演示，直观地了解各种玉米收获机具的性能特点，使农民有对比的选择机具，进一步激发农民购机用机的积极性。

(三)加大对应用玉米机械化技术的补贴力度

农机购置补贴政策是中央支农惠农强农政策的重要组成部分，对促进农机化发展具有重要的促进作用。但先进适用的玉米收获机具大都价格昂贵，农民购机的经济负担较重。为此，一要加大机具补贴力度，合理确定补贴额度，增加作业机具；二要制定机具作业补贴政策，扩大机械作业面积。通过以上政策落实，积极引导农民购买玉米生产农业机械和使用玉米生产机械化技术，不断提高玉米机械化的装备水平。

(四)利用土地流转的平台，加快玉米收获机械化技术的引进、推广

广西木薯生产机械化发展现状

木薯是广西传统经济作物，也是我国南方最主要的淀粉原料，随着工业化的发展，木薯淀粉在食品、饲料、化工、医药、纺织、造纸等领域的用途愈发广泛。广西是我国木薯种植面积最大的省份，产量占全国60%以上，木薯产业在广西经济结构中的优势地位越来越突显。但是，目前广西木薯生产多为单家独户、分散经营；以人畜力作业为主，机械化程度不高；广种薄收，缺乏投入，导致产量低、成本高、效益低。发挥我区木薯产业的区位优势，大力发展木薯生产机械化技术，是广西木薯产业可持续发展的重要保障。

一、广西木薯种植情况

木薯属大戟科木薯属，是世界三大薯类作物之一，誉称“淀粉之王”、“地下粮食”，是热带和亚热带地区重要的经济作物。木薯用自身茎秆作种子，种植方法主要有开沟种植和起垄种植，行距一般为 80～90cm、株距 60～70cm，其块根（薯）横长在 5～30 厘米的土层中。木薯抗逆性很强，除了对气温敏感以外，对其他条件要求不高。

我国木薯产区主要集中在广西、广东、海南、云南和福建五省。广西属于山地丘陵性盆地地貌，亚热带季风气候，纬度低、日照时间长、气温高、雨量充沛，适宜木薯生长。2012 年广西种植面积 23.12 万 hm^2，约占全国种植面积的 60%，总产量 477 万 t（鲜薯）。分布于全区 14 个市，以南宁、贵港、梧州、钦州面积最多，具体情况见下表。

二、广西木薯市场现状

随着工业化的发展，以木薯为原料的新产品不断得到开发和利用，木薯产业链不断延伸，国内市场对木薯的需求量呈逐年增长趋势。据调查，我国每年都要从国外进口木薯淀粉 5 万 t 以上，进口木薯干片都在 30 万 t 以上。2012 年，广西淀粉、酒精及其深加工生产每年需鲜木薯约 572 万 t，而广西的木薯产量只有 477 万 t，尚不能满足需要。

表　全区木薯种植情况调查表

	2010年	2011年	2012年	
	面积(万亩)	面积(万亩)	面积(万亩)	总产(万t)
南宁	84.43	85.32	77.98	147.6
崇左	21.34	21.31	21.13	33.22
柳州	5.36	4.23	4.9	5.48
来宾	12.13	12.4	10.73	13.78
桂林	10.75	9.93	10.18	11.93
梧州	34.99	37.63	37.97	41.06
贺州	13.84	13.7	13.34	13.56
玉林	31.97	31.77	32.27	40.3
贵港	36.48	38.42	40.79	56.55
百色	15.2	14.78	11.29	12.24
钦州	36	36.84	37.26	53.9
河池	22.71	39	24.14	24.75
北海	21.21	21.57	21.54	31.26
防城港	2.92	3.2	3.28	4.4
合计	349.5	356.25	346.8	477

三、广西木薯生产机械化技术现状

(一)木薯耕作机械化技术现状

木薯属根茎作物,其生产特性是平长在30cm深度以内的土层。根据农艺要求,耕作层深度达30cm就可以满足生长需要。一般使用大中小型拖拉机配套铧式犁、旋耕机和开沟犁就可进行耕作整地作业。大型机械适应大面积连片作业,中小型机械适合小地块、坡度较大和零星分布的地形作业。2012年全区木薯种植面积346.8万亩,可机耕面积302.6万亩,占87.25%;当年机耕作业面积251.7万亩,占可机耕面积83.18%,占全区总种植面积72.58%。

(二)木薯种植机械化技术现状

木薯种植机械化是指利用中型以上拖拉机配套专门的木薯种植机械进行作业,进行开沟、播种、覆土以及镇压等工序为一体的联合机械化作业。2008年中机美诺科技股份有限公司从巴西引进了一台2行木薯播种机(CASSAVACN-2),其行距可在0.8～1.2 m间调整,株距可在0.4～1.0m间调整,作业时需要3～5个人同时参与。2009年引入广西,仅处于试验性作业阶段。2011年广西农机研究院研制出一台2CMS-2型木薯联合种植机,目前还处于改进和完善阶段。2013年初,武鸣县农机推广站通过改装甘蔗种植机,使之既能种甘蔗,又能种木薯,处于试验性阶段。目前广西木薯种植机械化技术尚处于试验、示范阶段。

(三)木薯收获机械化技术现状

2009年由广西农机化技术推广总站与武鸣县农机推广站共同研发出4UM-160型木薯收获机,该机与80马力拖拉机配套,利用高强度铲刀将生长在土壤中的木薯块茎挖起,使之与泥土分离,并摆放于地面上,作业效率达5～6亩/h。中国热带农业科学院农机研究所研发的"燕尾"深松犁式木薯挖掘机,用拖拉机牵引,犁刀入土25～30cm,松土不翻土,对行要求高,需人工辅助拔起。上述几种机型都不能将木薯块根从老种茎上切断、收集,需用人工辅助作业,在收获作业前,均需人工将木薯秸秆割砍并搬走,才能进场作业,辅助用工比较多。

到2012年,全区木薯收获机拥有量约为131台,分布在南宁、崇左、钦州、北海、防城港、贵港、玉林、梧州等市,年作业面积约7万亩,约占总面积的2%。

(四)木薯秸秆处理机械化技术现状

木薯株高1.5～3.5m,呈灌木状,生产1t木薯就伴生0.8～1t秸秆。木薯茎秆皮层厚而软,含有白色乳汁,中间是海绵状的髓部,富含水分,难以晒干焚烧。农户一般将其堆放在田头地边,任其自然腐烂,既占据土地、影响交通,又浪费资源、污染环境,木薯秆处理已成为木薯生产中亟待解决的难题。据广西农业科学院土肥所测试,1t木薯秆含氮磷钾相当于尿素8.6kg、钙镁磷肥6.9kg、氯化钾7.15kg。推广应用木薯秆粉碎还田机械化技术,将木薯秆粉碎还田,既解决了木薯秆处理难问题,又可以改良土壤、提高土壤有机质，变废为宝。

2004 年武鸣县农机推广站为此研发出木薯秆粉碎还田机，该机型结构简单、成本低、实用性强，每小时可粉碎 2～3t，深受广大农民欢迎，已在木薯产区广泛应用。到 2012 年全区已拥有 3.2 万台，主要集中在南宁市和崇左市。

此外，有些地方将砍伐后的木薯秸秆留在地里，晒干待基本失去发芽能力后，用旋耕机将其粉碎，基本消除发芽长苗。因粉碎颗粒较大，难以形成有机肥料还田，不影响犁、耙作业和翌年作物生长。

四、广西木薯生产机械化发展趋势及问题

（一）木薯生产机械化发展趋势

广西木薯生产地域条件差异大、劳动力紧缺、生产成本高，这三个因素决定木薯机械化发展趋势：因地制宜，单一功能的小型机具与多功能大中型机具并存发展。

随着土地的连片开发，规模经营的出现，开发多功能、高效率的大中型机械是集约化生产发展的需要，比如：旋耕、开沟、施肥、盖膜等多功能作业机，或者开沟、施肥、播种、盖膜等联合种植机，秸秆处理和木薯收获联合作业机等。这些多功能、高效率的大型机械主要应用在大面积连片的地块上作业；对于小型机械来说，将长期在广西小地块、坡度大的区域使用。

（二）亟待解决的关键技术环节

根据调查，广西目前木薯生产机械化水平较低，从耕作、种植、植保、收获到秸秆综合利用技术，除了耕作及粉碎还田技术外，其他环节尚处于起步阶段。种植、收获和秸秆综合利用技术是亟待解决的关键技术。

（1）重点解决农机农艺相融合，促进农业机械的应用。

（2）收获技术要解决将木薯从种茎切断和收集费工的问题，以减少辅助用工。

（3）木薯秸秆处理技术。目前所用粉碎还田机需用人工砍断和喂入，辅助用工较多，需开发能自动割砍，既可直接粉碎还田，又可以集堆收拣，用于其他综合利用的多功能机具。

（三）制约木薯生产机械化发展的因素

（1）地形条件影响机械化技术推广应用。广西木薯种植地坡度大于

10°以上、地面不平整的约占20%，难以正常使用机具作业。

(2)生产经营方式制约机械化发展。广西木薯生产经营以单家独户、分散经营为主，地块小不连片、零星种植、粗放管理是广西木薯生产的特征，地块小于3亩的占41.63%，全区木薯产区平均每户种植面积只有2.82亩，这种状况影响了机具的使用效率。

(3)科技投入少，影响新技术开发。长期以来，各级政府与相关部门对其发展重视不够，支持投入较少，使得科研部门和生产企业难以从事技术开发研究。在2009年以前，全国只有中国热带农业科学院农机所和广西武鸣县农机推广站涉足木薯生产机械化技术开发，这种状况导致了我国木薯生产机械化技术起步慢、水平低。

五、加快广西木薯生产机械化发展的对策

广西木薯种植分布区域广，涉及乡镇有470个，种植户达100万户左右。目前，大多采用传统的人工生产方式，存在劳动强度大、成本高、效率低等问题。为此，提出以下对策。

(一) 突破关键技术、加强农机与农艺的融合

广西各地木薯种植方式、农艺、品种的差异性较大，作业模式也不尽相同。通过建立产、学、研、推的平台，引进先进实用的木薯机械化技术，力求农机与农艺的融合，探索总结种植、收获环节的较佳机械化生产模式。

(二) 加大政策、资金的支持力度

随着广西木薯产业地位的提升，政府应该在金融、税收等方面鼓励木薯生产机械的研究、开发、推广，同时采取引导和提供购机补贴的方法，鼓励木薯种植大户购买新型作业机械。

(三)建立健全社会化服务组织

到2012年，广西共有木薯种植面积在50亩以上大户1 772户，农机专业合作组织1 652个，各级政府要出台扶持政策，建立健全木薯生产服务组织，促进木薯生产机械化的发展。

广西花生生产机械化发展现状

花生约于16世纪传入中国，是我国四大油料经济作物之一，种植面积仅次于油菜。2012年我国花生种植面积为460万hm^2，花生总产量为1 620万t，占世界花生总产量的40%以上，居世界第一位。随着人们生活水平的提高和对花生营养成分的认识，花生的食用消费量在刚性增长，我国已成为花生的第一大消费国和出口国。花生不仅仁可以食用，其茎叶也是优质的饲料，外壳还可以做建筑材料等，因此，我国的花生产业有着广阔的发展前景。

一、自然条件和主产区

(一)自然条件

广西气候温和，属热带、亚热带气候类型。年均气温由北向南为16～23℃，无霜期在300天以上。年降水量为1 100～2 800mm，多集中在5～9月份，占全年总降水量的60%～70%，可以满足花生生长的需要。

(二)花生种植的主产区

广西栽培花生历史悠久，早在五百年前就开始种植，是全国花生的主要产区之一。在广西草本油料作物中，花生占有举足轻重的地位，其总产量一般占全区油料总产最的80%左右。花生在广西的分布较广，全区各县均有种植，主要集中在桂中、桂南、南部沿海、桂东、桂北等五大区域，桂西和桂西北种植较少。

(三)广西花生生产基本状况

2012年广西花生播种面积达18.81万hm^2(表)，约占全国总播种面积的5.5%，仅次于山东、广东、河南、河北四省，居全国第五位。

二、花生机械化的基本状况

花生生产机械化是指完成花生生产过程中采用的机械化技术，主要包括耕整地、播种、铺膜、施肥、植保、灌溉、收获、摘果、脱壳等生产环节。尽管我区花生种植面积在全国排名相对靠前，但无论是与全国先进地区相比，还是与区内其他主要农作物相比，花生生产机械化水平均处于较低水平，耕整、植保和脱壳等环节基本实现机械化，播种、铺膜和灌溉机械化开始示范推广，收获、摘果的机械化仍处起步阶段。

表　2012 年全区花生生产情况一览表

自然情况 各市	种植面积 （万 hm²）	年产量 （万 t）	平均产量 （kg/hm²）	机耕面积 （万 hm²）
全区合计	18.81	51.09	2 716	13.22
南宁市	4.47	12.43	2 779	3.36
柳州市	0.84	2.10	2 515	0.61
桂林市	1.77	5.36	3 035	1.20
梧州市	1.28	3.63	2 835	0.09
北海市	1.51	3.78	2 511	1.48
防城港市	0.26	0.55	2 080	0.29
钦州市	0.73	1.98	2 708	0.46
贵港市	2.58	8.64	3 342	1.71
玉林市	1.44	4.29	2 985	0.61
百色市	0.48	0.83	1 722	0.18
贺州市	1.19	2.66	2 233	0.34
河池市	0.20	0.34	1 730	0.03
来宾市	1.09	2.64	2 419	1.26
崇左市	0.97	1.86	1 914	1.57

2012 年广西开始在北海开展全程生产机械化技术试验示范推广，试验数据表明，传统人工收获花生，1 个人一天只能收 0.3～0.5 亩；而一台花生联合收获机，每天就能收获 16～24 亩地的花生，相当于人工收获 50 倍左右。

三、存在问题

（1）农机与农艺融合不够紧密。花生种植的垄宽、行距、穴距、垄高等均不统一，适应不了农机装备的使用，增加了机械化作业的难度。

（2）广西花生种植的地块小、分散种植，不利于机械作业。

(3)花生机械化起步相对较晚,农户对花生机械化技术认识滞后,宣传力度不够。

(4)分段式收获机械效率低、适应差;联合收获机对土壤条件要求太高,适宜作业范围少,影响了推广应用。

四、建议及对策

(1)广泛宣传,正确引导。农机部门做好花生生产机械的引进、试验、示范、推广,通过各种媒体、现场演示会、明白纸等形式,宣传花生生产机械化技术,让农民充分了解使用花生生产机械的优越性,提高其购买应用新机具的主动性。

(2)争取支持,培育市场。制定促进花生生产机械化的发展政策,从多方面对花生生产机械的生产、购买、使用予以支持,调动农民的积极性,依靠市场,推动花生生产机械化的快速发展。

(3)加强农机农艺融合。充分考虑机械的适应性,制定适合于规模化、标准化机械作业的农艺规范,使农机与农艺深度融合,促进花生生产机械化。

(4)建立示范园区,示范推广带动。以农机大户、农机合作社为载体,搞好花生机械化收获示范园建设,制定技术操作规程,形成广西花生生产机械化技术体系。通过现场示范演示,深入宣传推广花生生产机械化技术,让农民亲身感受新型花生生产机械的优越性。

(5)搞好技术培训,促进推广。进行技术培训和机具操作培训,组织农机技术人员深入到田间地头,现场进行技术服务,确保农民掌握机械化技术。

广西茶叶生产机械化发展现状

茶叶生产是广西农村经济发展的重要支柱产业，是农业增效、农民增收的一条重要途径。近几年来，随着市场和区域经济结构调整步伐的加快，茶叶产业发展备受关注。

一、国内外茶叶生产基本概况

2012年全球茶叶产量为452.8万t，茶叶出口174.1万t，茶叶进口159.9万t，茶叶消费量为438.6万t。但世界上主要消费还是以红茶为主，绿茶消费呈上升趋势。2012年我国的茶叶种植面积为228.0万hm^2，比2011年的211.3万hm^2，增加16.7万hm^2，增长7.9%。2012年全国茶园面积只有海南省出现下降，其余省份茶园面积都是在增长。

我国也是世界上生产茶类最多的国家，从大类分有绿茶、红茶、青茶、黄茶、白茶、黑茶6类；再加工茶有花茶、砖茶等；各类茶又可划分多个小类，如绿茶包括炒青、烘青、珠青、蒸青和名优绿茶等，名优绿茶的品种更是不计其数。名优茶发展尤其迅速，20世纪90年代以来，名优茶的发展是我国茶业发展的一大特点，名优茶已成为我国茶叶生产由数量型向效益型发展的核心。

二、广西茶叶生产现状

(一)自然资源

广西是茶叶原产地之一，最低气温可低达−8℃，最高气温可达40℃以上；年平均气温在16.8～23.8℃，1月平均气温除高寒山区低于10℃以外，其余地区均在10℃以上，年降水量1 000～1 500mm，无霜期248～365天。广西主要是红、黄土壤，还有一部分黄褐土、紫色土、山地棕壤和冲积土，呈酸性pH值4.5～6.5，有机质含量较高，富含硒、锌等微量元素。低丘红壤水土冲刷比较严重，土层浅薄，结构差，有机质含量低。非常适宜优质茶叶产品的形成。由于广西特有的自然环境条件形成了独特气候，是茶叶生产的最适宜地区，使茶树生长期长，开采早，产量高。另外，广西工业发展滞后，环境的污染程度较轻，植被覆盖率高，与福建、浙江等传统产茶大省相比，具有发展无公害、绿色、有机茶生产的明显优势。此外，广西是“八山一水一分田”地区，适宜种植茶的土地面积达50万hm^2以上，发展茶叶生产的潜力较大。

桂西北山区紧靠云贵高原，是茶树原产地的中心地带，茶树品种资源极为丰富。广西茶叶研究所从20世纪80年代开始收集整理广西地方品种、优良品系250个，经20多年的收集、引进，全区具有各类茶树品种达到420个以上，包括印度阿萨母种；日本的数北种、香骏种；中国台湾的台茶12和13号、青心乌龙、四季春及福建、广东、浙江、四川、云南等优良茶树品种。这些种质资源已成为广西开发乌龙茶、黄茶、白茶、花香型红茶等新型茶叶的资源宝库，让广西茶叶在激烈的市场竞争中具有更大灵活性、主动性。

（二）主要产茶区情况

近年来，广西茶产业发展势头良好。2012年广西茶园面积5.56万hm^2，总产量4.93万t，平均每公顷产量886.65kg。跻身全国产茶省区前十名。包括桂西凌云白毫茶区，桂东北名优绿茶区、六堡茶区，桂东南早春名优茶和茉莉花茶区、桂南特种茶叶开发区等五大茶区。2011年全区无公害茶园面积占全区茶园面积的49%，茶园良种覆盖率已超过95%，无性化苗木茶园已超过50%，位居全国茶区前茅。除拥有171个国营茶场(厂)及大型茶业专业公司外，还拥有个体、联户茶叶初制加工厂(点)和作坊980多家，主要生产绿茶、茉莉花茶、六堡茶(黑茶)、白茶、黄茶、青茶等七大类茶叶系列产品。主要名茶有：

凌云白毫茶　百色市凌云县为中国白毫茶之乡，茶叶种植面积0.733万hm^2，2012年凌云全县干茶产量0.42万t，产值2.31亿元。有108家茶叶加工厂，主产凌云白毫茶，凌云白毫茶于2005年8月获国家地理标志产品称号，从2006年8月起国家质量技术监督总局对凌云白毫茶实施地理标志产品保护。先后研制开发了绿茶、红茶、白茶、黄茶、黑茶、青茶等六大类茶叶系列产品，成为中国乃至亚洲唯一一个能同时加工六大类茶叶产品的茶树品种。共研制开发了六大类20多个系列产品，其中，绿茶类高端产品有白毫王、白毫银针、凌螺王、特级凌螺春；红茶类有金钩红条，红螺王和专门出口的红碎茶；白茶类的有白毫月芽、白牡丹；黄茶类的有黄芽；青茶类有凌春乌龙；黑茶类的有白毫银砖等，从而打破了过去产品专一、质量低劣的状况。

昭平茶 贺州市昭平县茶叶种植面积0.91万hm^2，有茶叶加工企业110多家，年生产干茶0.6万t，总产值达4.5亿元，主产“昭平银杉”茶、昭平红亿健有机绿茶、六堡茶，有机茶基地面积达4 600多亩，有机茶示范基地产值达1亿多元，“昭平银杉”茶获国家农业部农产品地理标志登记。

六堡茶 是广西所特有的名茶，属黑茶类，产于浔江、贺江、桂江、郁江、柳江以及红水河两岸的山区，而以梧州苍梧县六堡所产的最为著名，故称六堡茶，六堡茶核心原产地的六堡镇和狮寨镇，梧州有新老茶园0.2万多hm^2，六堡茶加工企业20多家，2008年六堡茶总产量0.66万t，产值近5亿元，梧州市制定了《梧州市2009—2015年六堡茶产业发展规划》，到2015年，全市六堡茶种植面积达1万hm^2，实现产值33亿元，梧州市建立六堡茶产业化发展专项资金300万元，用于扶持良种茶苗繁育、加工技术研究、品牌创建和发展壮大农业产业，《DB45/T 581—2009 六堡茶》广西地方标准获得批准，标准实施时间为2009年6月30日。

茉莉花茶 南宁市横县茉莉花种植面积0.67万hm^2，年产鲜花产量6万t，横县有茉莉花配套加工企业180家，年加工花茶6万t，香料3t，产值约20亿元。全国各地的成品茶纷纷聚集，横县也成为我国西南地区最大的茶叶集散地之一。

桂平西山茶 全国名茶之一，它起源于唐代，明代已闻名两广和湘、闽等地。“西山茶，色清绿而味芬芳，不减龙井。”西山茶产于全国著名风景区广西桂平西山，年产量0.06万t，贵港市有关部门已着手制定西山茶发展规划，开展桂平西山茶地理标志产品保护的申请工作，到2010年，贵港市茶园总面积达到0.2万hm^2，茶叶产量达到0.1万t以上，产值达到1亿元。

全区茶叶总产值达10亿元，占农业总产值的6.57%。

(三)无公害茶叶生产情况

近年来，生产无公害茶叶是发展茶叶生产的主攻方向，因而也得到广西各市茶叶主产县的重视。如广西凌云浪伏茶业有限公司走有机农业发展路线，生产的浪伏牌凌云白毫茶系列产品1999—2006年分别获日本、韩国等国际名茶评比和中国名茶评比金奖、银奖等各种奖项四十多项，2003年公司产品通过欧盟ECOCERT和美国US-NOP有机产品认证，是广西首批通过欧盟 ECOCERT 认证的有机茶产品，凌云浪伏茶业有限公司生产的有机茶叶产品被自治区质量技术监督局、广西名牌战略推进委员会评定为广西名牌产品。贺州市昭平县亿健茶业有限公司有机茶基地面积达 4600 多亩，有机茶示范基地产值达 1 亿多元，生产的有机绿茶通过日本、欧盟和美国有机茶认证机构认证，成为贺州市第一个达到农产品质量认证金字塔顶的农产品。茶叶机械初加工情况见表。

表　2012 年全区茶叶机械加工生产情况一览表

各市县	机械初加工茶叶数量(万 t)
全区合计	1.0128
南宁市	0.0461
柳州市	0.1756
桂林市	0.0211
梧州市	0.0222
北海市	0
防城港市	0.0236
钦州市	0.2659
贵港市	0.0205
玉林市	0.0181
百色市	0.0004
贺州市	0.0066
河池市	0.0087
来宾市	0.0193
崇左市	0.3847

三、广西茶叶市场状况

开发新产品，延伸产业链。为追求健康长寿，人们对天然的保健饮品、保健食品和保健用品趋之若鹜。要适应这种不断扩大的消费需求，充分发挥茶叶的品质特性，运用现代科技，生产系列茶饮品、茶食品、茶药品和茶用品，不断延伸茶的产业链，做强做大茶产业。同时，在茶业结构调整中，充分发挥广西花卉、天然药物的种植优势紧密结合，开发香花茶、草药茶、保健茶的产品和市场。近年来，玉林、横县等地分别种植了 0.39khm^2 和 1 万多亩茉莉花。横县素有我国“茉莉之都”的美誉，而茉莉花又被称作“天

下第一香"。横县年产茉莉花7万吨，占我国总产量的70%以上，全国的花茶有近七成在横县加工生产。因其花期早、花期长、产量高、香味浓、品质好，年预计产鲜花0.07万t，加工花茶0.093 8万t，工农业产值1 721万元，大大提高了茶叶的附加值。

茶产业是广西最有希望的产业之一，只要引起重视，加大投入，资源优势就会变成经济优势。据专家测算，如果茶叶单产达到全国平均水平，每公顷可增产225千克，现有5.56万hm^2的采摘面积就可增值1.2亿元；如果提高茶叶质量，每千克农业产值增加10元，现有产量4.93万t就可增值49.3亿元；深加工潜力就更大，如果每千克通过加工增值20元，现有茶叶产量4.93万t就可增值98.6亿元；如果在发展名优茶上狠下功夫，培育10%的高档茶、20%的中档茶，平均每亩产值达到全国目前的中等水平2 000元，则全区茶叶可增值300亿元。另外，如果使出口茶从现在的1万t达到3万t，可出口创汇6 000多万美元。加上现有产值，在今后若干年内形成1 000亿元的大产业是很有希望的。但这需要各级政府和社会各方面都来重视茶产业的发展，千方百计增加投入，要综合运用税收返还、技术改造、退耕还林、扶贫、市场建设、科技推广等政策和措施，向茶产业和茶文化倾斜，实实在在地推动广西茶产业的振兴。

四、广西茶叶生产机械化的基本状况

广西的茶叶生产技术大部分仍然沿用传统的耕作方式和加工方法，茶园栽植、管理、采摘等机械种类不全，且大都是一些通用类机械生产厂家生产的小型挖坑机、微耕机和园林、园艺用的修剪机等，茶叶生产引进的机械多为加工系列机械，茶园管理、修剪和茶叶采摘机械很少。近几年，虽然引进推广了一批先进的茶叶机械，但远远满足不了现实生产的需求，限制了茶叶产量和质量的提高，影响了茶叶生产的经济效益。茶叶加工业在农产品加工业中相对落后。20世纪50年代初，茶与烟的加工业同时起步，如今卷烟加工业已基本自动化，而茶叶加工仍处在机械化或半机械化水平。

随着人们消费水平的提高，国家对农产品质量及食品安全要求越来越严格，加上国际市场"绿色壁垒"的逐步升级，茶叶生产与加工清洁化除了要实现茶叶产地的土壤、生产环境、施肥、病虫害防治、采摘、运输清洁化外，对加工场所、加工设备、加工能源也要求做到清洁化，因此对茶叶加工机械化技术要求越来越高。名优茶加工大多为手工操作，逐步发展到半机械化加工，现全区大部分茶场已向加工机械化、自动化技术发展，落后的半机械化加工设备逐步被淘汰，取而代之的是茶叶加工成套机械设备，如茶叶杀青工序已普遍采用连续滚筒杀青机；理条工序采用连续理条机；链板式烘干机代替翻板式烘干机等新型的加工机械。目前，广西本土企业生产的青蒸茶清洁化流水生产线已在南宁、百色、柳州、梧州等地采用。

五、广西茶叶生产及机械化发展趋势及问题

(一)制约广西茶叶生产及机械化的主要因素

(1)茶叶产业投入不足，制约了企业的进步和产业的发展。由于企业融资渠道过于狭窄，自身投入不足，以致良种茶园扩建、厂房改造和设备更新十分缓慢；出口茶叶收购资金不足，周转困难，影响了广西茶叶的外销。

(2)茶园基地规模偏小，良种普及率偏低，茶园单产低。广西60%的茶园是20世纪80年代前发展的，处于老化期，无性系良种茶园面积仅占1/4；部分茶园品种退化，粗放经营，产量低下，平均亩产不足60kg。

(3)茶叶加工技术、设备相对落后，生产效率不高。目前全区还没有一家真正符合产业化、规模化要求的高标准、现代化茶叶精深加工厂。相当一部分茶厂厂房和设备简陋，加工环境差，产品质量难以保证。

(4)龙头企业控制力不强，组织化程度比较低，茶叶经营主体规模小。茶叶品牌“多、杂、小”，难以形成合力，没有像浙江龙井、福建铁观音这类上规模的品牌，茶业生产能力强而品牌推广能力弱、重大众化需求而轻高端市场，品牌保护力度不够，市场秩序比较混乱。

(二)广西茶叶生产及机械化的发展趋势

(1) 重视新品种选育和无性系良种推广。目前，广西在新品种选育方面，红茶、绿茶、乌龙茶等新品种繁多，但仍以发展绿茶品种为主，总的趋势是以选育和发展早芽、高产优质、高抗的优良品种。无性系良种以其种性均匀、整齐，树冠平整，适合于茶园机械化的推广，而且产量高、质量好。广西茶叶要快速发展，提高茶叶整体效益，就要重视茶叶新品种选育和大力推广无性系良种。

(2) 重视现代化无公害清洁生产，注重绿色环保有机茶的开发。目前，发达国家纷纷提高“绿色壁垒”，阻碍我国茶叶出口。茶叶进口国特别是经

济发达的欧美国家，由于自身不产茶，对进口茶制订了非常苛刻的农药残留标准，广西茶叶产业就要从根本上解决农药残留问题，出路就是发展有机茶，以突破“绿色壁垒 ”对我国茶叶出口的限制。

(3) 多渠道筹集资金，全面启动老茶厂改造。广西茶叶产品主要是春茶，夏秋茶利用率低，以手工制作为主，产品标准无法统一，质量不稳定，茶叶规模虽然有所扩大，但行业效益并没有明显提升。要做大做强广西茶叶产业，必须打破限制茶叶产业规模生产的瓶颈，发展壮大茶叶加工的机械化和标准化。可以通过实行“公司＋农户”的生产模式，多渠道筹集资金，并通过技术示范和培训等途径，推广无公害茶叶、有机茶生产技术、茶叶加工保鲜新技术和新设备。

(4) 加大宣传力度，塑造广西茶叶品牌。品牌就是巨大的无形资产，是产品赢得市场的保证和走向市场的通行证。但是，广西茶产业方面在全国叫得响的品牌不多，有些是有名无实，成为广西历史名茶，有些是规模小，无法做大做强。要做大做强茶叶产业，要充分利用广西得天独厚的自然资源，以 “有机、绿色、保健”为核心，申报国家有关部门商标以及地域保护认证、有机茶认证、绿色食品认证。另外，组织各种形式的宣传活动，积极参与区内外各种茶文化活动，如茶博会、展销会等，大力宣传广西“有机、绿色、保健”茶叶品牌。

(三) 广西茶叶生产机械化技术发展趋势

广西要发展茶叶生产机械化，必须进一步推进茶园规模化经营。实行统一规划，有计划、有步骤、有秩序地实现茶园规模化、集约化经营，提高规模化集约化经营水平。实现茶叶生产机械化，必须依靠科技进步，是茶业现代化的根本保证，要按照农机补贴政策，认真落实茶叶机械补助，大力推广先进、节能、环保、适用的新机具、新技术，加快茶叶机械的更新换代，特别是在机剪、机采、机耕等环节上要加大新机具推广力度，逐步实现机械耕作、施肥、采摘、防治病虫害等，努力提高茶叶生产机械化水平。根据广西茶叶生产的具体情况，茶叶生产机械化发展方向可概括如下。

(1)茶叶生产机械由以茶叶加工为主，向茶树修剪、大宗茶采摘以及茶园中耕除草、病虫害防治等栽培管理延伸。近年来，由于大量农村劳动力向第二、第三产业转移，劳动力价格骤然上升，雇佣劳动力难，已成为制约茶叶经营效益的主要瓶颈。茶叶生产中以成套机械化代替人工、运用茶园管理机械代替人畜力劳作，既可减轻劳动强度，又可提高工效。

(2)茶叶机械向精茶、名茶加工方向发展。名优茶加工机械是茶机行业新产品开发的重点。目前，广西名优绿茶加工多为手工制作和单机作业，而国外机械化程度较高，基本为机械化作业。区内制造的茶叶加工机械产品性能稳定，可为名优绿茶加工向半机械化、机械化过渡。至今已成功研制了可供多种名茶加工使用的“通用机械”，如名优茶杀青机、揉捻机、解块机、理条机、提香机、炒干机和烘干机等，使名优绿茶实现了全程机械化加工。

(3)茶叶加工向较大型或半自动化、半连续化机械发展。因茶叶销量的不断扩大，原有的小型茶叶加工机械已不能适应茶叶生产发展的需要，当前茶叶加工机械化正向半自动化和半连续化的蒸青茶加工流水线发展，使工效和茶叶质量明显提高。

广西水产养殖机械化发展现状

一、广西水产养殖状况

(一)广西水产养殖资源基本情况

广西属亚热带季风气候,气候温和,年平均气温 20.6℃。广西是西部既有海洋又有内陆水域的唯一省份,全区内陆江河溪流纵横交错,库湖塘池星罗棋布,河流流域面积 23.67 万 km^2,淡水生物种类繁多,仅鱼类就达 300 多种;海岸线总长 1 595km,浅海面积 6 488km^2,滩涂面积 1 005km^2,海洋渔业资源丰富,盛产鱼类 500 多种,虾类 20 多种,是我国的高生物量海区之一。

(二)广西水产养殖业基本情况

1.水产品产量结构基本情况

2012 年广西水产品产量达到 303.46 万 t,其中,淡水产品产量 139.08 万 t,比上年增长 7%,海水产品产量 164.38 万 t,增长 5%,淡水产品产量的增长速度比海水产品产量的增长速度快 3.6 个百分点,占水产品产量的比重为 45%,比上年提高了 0.8 个百分点。因此,在广西水产产量增长迅速的同时,水产品产量结构发生了明显变化,即淡水产品产量比海水产品增长快;天然生产产量增长缓慢,人工养殖产量增长较快,人工养殖产量所占比重不断加大,详见表 1。

2012 年广西渔业产值达到了 331.74 亿元,占农林牧渔业总产值的 9.5%,渔业增加值占农林牧渔业增加值的 17.1%。

根据有关统计数据显示,广西水产人工养殖产量所占比重由 1995 年 47.33%增加到 2012 年的 73.72%,天然生产产量所占比重由 1995 年 52.67%降低到 2012 年的 26.28%。因此,养殖业成为了渔业生产发展的主要力量。详见表 2。

2.优势品种养殖基本情况

广西地处中国南疆,水资源丰富,气候适宜,水产业发展迅速,广西水产业已初步形成一些特色明显的优势产业区。罗非鱼、对虾、龟鳖、牡蛎成为广西优势水产品产业的核心,养殖面积和产品产值约占全区的 1/3。在南宁、北海、钦州、防城港四市已形成罗非鱼优势养殖区域和对虾优势养殖

表 1　广西各重要年份水产品产量

产量 / 年份	水产品总产量（万 t）	其中：海水产品产量（万 t）			其中：淡水产品产量（万 t）		
		天然生产	人工养殖	合计	天然生产	人工养殖	合计
1995	103.28	49.81	14.75	64.57	4.58	34.13	38.71
2000	239.85	88.84	70.60	159.45	9.15	71.25	80.40
2005	284.19	84.57	89.37	173.95	11.31	98.92	110.23
2010	275.09	66.29	87.74	154.03	11.68	109.37	121.05
2011	288.81	66.52	92.38	158.90	12.32	117.58	129.91
2012	303.46	66.82	97.55	164.38	12.92	126.15	139.08

表 2　广西各重要年份天然生产与人工养殖占水产品产量比重

内容 / 年份	天然生产（%）	人工养殖（%）
1995	52.67	47.33
2000	40.86	59.14
2005	33.74	66.26
2010	28.35	71.65
2011	27.30	72.70
2012	26.28	73.72

带，在贵港、钦州两市已形成龟鳖优势养殖区域，在北海、钦州、防城港三市已形成近江牡蛎优势养殖区域。2010 年，罗非鱼、对虾、龟鳖、牡蛎四个养殖产品养殖面积 95.13 万亩，分别为 40 万亩、27.73 万亩、3.50 万亩（池塘）和 23.9 万亩，四个养殖产品产值达到 128.34 亿元。

罗非鱼：罗非鱼是广西出口创汇的优势品种。2010 年，广西罗非鱼养殖面积达到 40 万亩；罗非鱼产量 21.4 万 t，仅次于广东、海南省，排全国第 3 位，占全国罗非鱼总量的 1/6；罗非鱼养殖业总产值 21 亿元。2010 年加工出口罗非鱼片及条冻鱼 5.95 万 t（折合原料鱼约 15 万 t），占全国出口量的 18.4%；出口额 1.91 亿美元，占全国出口额的 19%，居广西农产品和水产品出口第一位。

对虾：广西的对虾养殖品种主要是南美白对虾、斑节对虾、日本对虾三种，其中南美白对虾以养殖周期短、生长快、抗病力强等优点广受养殖户青睐，养殖面积最多，产量最高；斑节对虾以其耐活运输能力强，价格较高等优点，近年来发展较快；日本对虾养殖较少。2010 年，广西对虾养殖产量 16.54 万 t，居全国第 2 位，养殖面积 27.73 万亩，养殖户 31 017 户，养殖总产值 36.39 亿元。其中，南美白对虾产量 14.64 万 t，斑节对虾和日本对虾均为海水养殖，产量分别为 1.898 万 t 和 0.002 万 t，南美白对虾成为广西对虾养殖的主导品种。

(三)广西水产养殖业现状

2012 年，广西水产品养殖面积达 23.23 万 hm^2。其中，海水养殖面积 5.57 万 hm^2，淡水养殖面积 17.65 万 hm^2。在海水养殖面积中，海上养殖面积 1.69 万 hm^2，陆基养殖面积 1.78 万 hm^2，滩涂养殖面积 2.1 万 hm^2；在淡水养殖面积中，池塘养殖面积 7.86 万 hm^2，河沟养殖面积 0.71 万 hm^2，山塘水库养殖面积 8.84 万 hm^2。

1.广西水产养殖的有利因素

(1)水产品出口量增加较快。中国是世界上最大的水产养殖国和出口国，水产养殖产量占世界水产养殖总量的 70%左右，2013 年水产品出口额首次突破 200 亿美元，连续 12 年位居全球首位。广西是水产品生产重点省区，水产品出口量连续多年居全国第 7 位。近年来，广西罗非鱼片、金鲳鱼、南美白对虾等养殖水产品产值已超 3 亿美元，出口总量位居全国第三位。

(2)水产品市场消费旺盛。随着人们收入水平的提高，越来越多的中国人开始把营养性需求作为食品消费的第一需要，水产品的消费比重上升是大势所趋。由于人类对海洋资源的过度开发，海洋捕捞业已没有进一步发展的空间。因此，今后国际水产品的增加量主要来自养殖，水产养殖成为了渔业发展的重中之重，市场发展空间巨大。

2.广西水产养殖的不利因素

(1)资源环境压力加大。环境保护对渔业特别是大水面渔业的要求越来越高；沿海工业和全区城市化的快速发展，不断压缩渔业养殖空间致使空间变得越来越小。

(2)市场竞争压力加大。一是加工出口水产品将面临着来自国外技术、品牌等方面的市场竞争压力;二是国外水产品将大量涌入广西,导致广西部分主导产品将受到不同程度冲击。

(3)产品质量安全压力加大。随着经济开发的深入,养殖水域时常被污染,导致养殖产品病害发生率越来越大,产品质量安全压力越来越大。

二、广西水产养殖生产机械化现状

(一)水产养殖机械化技术

水产养殖机械化技术主要包括增氧、水体净化、挖塘、清淤、投饲、网箱、运输等机械化技术。

1. 增氧机械

增氧机械化技术是我国水产养殖业实现稳产高产的关键水产养殖机械化技术。按照增氧机理,可分为局部增氧、底部增氧和平衡增氧三种主要类型。

(1)局部增氧。局部氧增是一种比较传统的增氧方式,主要特点是采用定点作业的方式,作业区域固定、范围有限。应用机具主要有叶轮式增氧机和水车式增氧机。

叶轮增氧机:利用倒伞形叶轮在水面下的旋转产生水跃,使水和空气充分接触以达到增氧的目的。同时通过搅动水体使上下水层对流,为下层的贫氧区增加氧气,从而可以增加鱼的放养密度,提高鱼的摄食量,使单位面积养殖产量实现重大突破。目前,叶轮增氧机是我国水产养殖业实现稳产高产的关键设备,是应用最广泛的渔业机械。

水车式增氧机:水车式增氧机是由电动机、减速箱、叶轮、浮船、支架、罩壳六个主要部件组成。它是靠搅动水体表层的水使之与空气增加接触,进而达到良好的增氧及促进水体流动的效果。其叶轮叶片的形状对水车式增氧机的动力效率起关键的作用。它可以组成自由串联的叠装式叶轮,这种叶轮由单叶轮体组合而成,也可根据使用要求及负载功率的大小组合叶轮。

(2)底部增氧。生态高效增氧水产养殖技术主要采用底部增氧的形式,使用的典型机具为微孔曝气增氧机,其主要工作原理是将微孔曝气管铺设在池塘底部,使用空压机或风机对管道充入一定压力的空气,空气经

微孔曝气管至池塘底部进行曝气增氧。可以有效提高整个水体尤其是下层水体的溶氧量，通过气泡上升还带动水体循环，明显改善底层水质。具有溶氧均匀、噪声低、能耗小的特点。

(3)平衡增氧。平衡增氧采用的主要机具为耕水机，其工作原理是利用机具耕板的旋转，生成围绕机具中心上升的循环水流并扩展到水面，即将水体底部的水引导提升到水面，经吸收氧气和阳光后再循环回水底。使水体充分暴晒于紫外线下，消除多种有害菌类和气体，通过水体的循环使水质明显改善，水体颜色明显变浅，水体溶氧总含量增多，上、中、下各层溶氧、水温均匀度显著提高，鱼群缺氧现象明显减少。同时促进水体中的有益藻类和浮游生物的生长，形成完善的食物链，降低了饵料投放量，提高了饵料利用率，达到生态健康养殖的要求。

2. 池塘清淤机械

水产养殖池塘清淤技术是采用柴油机或电动机作为动力，带动专业清淤机具将养殖池塘沉积的底泥通过挖掘(或高压水冲稀)、吸纳等方式进行全面的清理、输送转运的作业过程。

清淤机由立式泥浆泵浮体输泥系统、高压水泵水枪碎泥系统、动力系统三部分组成。主要机型如下：

(1)水力挖塘机组，采用水压力分解溶化后将淤泥吸起，通过泥浆泵进行远距离输送。

(2)多功能清淤机动船，采用闷吸、管道输送清淤，可以连续作业，并能将淤泥输送到鱼塘 200m 远的地方，泥浆浓度可达到 89%。

3.投饵机械

投饵机的投饵方式有气动式、螺旋输送式、离心抛物式，也有电子控制的投饵船、移动式投饵机。使用投饵机可以提高饲料利用率，达到增产、增收目的。目前，国内各种类型投饵机的使用量仅次于增氧机。使用量比较大的机型为离心式、振动式。主要机型如下：

(1)水力投饵装置，利用水泵产生的高压水从储饵装置冲入管道再从喷嘴直接喷于水体中，达到投饵的目的。

(2)振动式鱼塘自动投饵机，采用偏心电机振动原理进行分料。

4.水产品运输装备

目前的活鱼运输箱、活鱼运输船等水产品运输装备自带增氧和水过滤设备，可运输或暂存活鱼（虾），解决了大中城市副食品基地与市场间的活鱼（虾）运输困难。

（二）广西水产养殖机械化技术应用情况

目前，增氧机械、鱼塘清淤机械、水产品运输装备已在广西广泛使用，其中增氧机械使用数量最高。据统计，2013 年全区增氧机拥有量达到 7.3 万台，动力达到了 11.4 万 kW。投饵机的数量也在不断增加，达到了 1 523台。

三、广西水产养殖生产机械化发展趋势

近几年，广西水产养殖业呈现养殖面积不断扩大、单位面积产量不断提高、结构持续调整的发展趋势。常规鱼养殖面积稳中有降，名特优品种养殖比重不断提高，水产养殖机械化技术也随之呈现新的变化趋势。

（1）增氧装备有向节能低耗、高效可控发展的意愿和要求。其水平提升、性能改善已呈现从人为操控向自动控制、智能增氧、高能低耗等节能方向发展的趋势。

（2）水体净化技术愈发得到重视。残余饵料和鱼类排泄物产生大量营养物质和有机物，使水体的营养化日趋严重。耕水机的研发及推广体现了机械装备能对水体起净化的作用，符合富营养化水体治理的要求。

（3）混合机械增氧技术逐渐得到应用和发展。根据增氧机原理和结构特点，在同一池塘安放不同增氧设备，配合使用，混合增氧，优势互补，可以有效解决池塘增氧和水质净化的难题，实现池塘高密度养殖。

（4）水质监控机械化技术是今后发展现代渔业必要技术措施。其对提高水资源利用率、改善养殖环境质量、降低污染物排放具有重要作用，目的是保障水产养殖高产、高效、安全、健康，全面提高水产品质量安全水平，推动水产养殖业走向集约化、产业化、精细化，实现广西水产业可持续发展。

四、广西水产养殖机械化技术存在问题

广西虽是水产养殖大省，但水产养殖机械化技术应用水平较低，存在以下亟待解决的问题。

（1）水产养殖机械化技术发展缓慢。还未探索出适宜本地的水产养殖机械化集成技术模式，无法为水产养殖机械作业组织化、规模化、标准化生产提供技术支撑。如以水质在线监测系统、生态耕水机械化技术为主要内

容的水产健康养殖机械化技术，目前仅在钦州市钦南区试验示范，示范面窄，限制了该技术在全区的示范力度。

（2）水产养殖机械化发展不平衡。广西使用水产养殖机械数量最多的是增氧机械类，水体净化、清淤机械仅小范围应用。

（3）水产养殖机械化技术宣传、培训欠佳，从业人员素质有待提高。

五、广西水产养殖生产机械化发展对策

（1）开展试验示范，集成技术模式。在北海、钦州、防城港、南宁、柳州、玉林和贵港等市开展水产养殖机械化试验示范，重点推广耕水机和增氧机械化配套技术、水质在线监测系统等关键技术，总结水产养殖机械化集成技术模式，制定不同地区、不同品种、不同养殖方式的机械化技术规范，为水产养殖机械规模化、标准化生产提供技术支撑。

（2）加大政策支持力度，促进水产养殖机械平衡发展。建议将水产健康养殖机械化技术列为今后农机化发展一项重要工作，争取将水质在线监测系统、耕水机等各类水产养殖机械纳入各级农机购机补贴范围，增加补贴额度，使渔业生产全面使用上各类水产养殖机械，助推渔业发展。

（3）建立水产健康养殖示范基地，加强示范带动作用。通过项目支持，在优势产区建立健康养殖机械化示范基地，重点示范推广增氧和水质在线监测机械化这两项技术，发挥以点带面作用，促进全区水产健康养殖机械化技术的推广应用。

（4）加强技术培训和技术服务。水产、农机等部门积极配合，以示范基地为依托，以水产养殖户（场）人员为对象，通过现场演示会、技术培训班、技术咨询等形式，提高水产养殖人员的技术水平。

广西桑蚕生产机械化发展现状

近年来，广西各级党委、政府高度重视桑蚕产业发展，紧紧抓住国家“东桑西移”的产业结构调整机遇，把桑蚕产业列入全自治区重点加快发展的农业优势产业，出台优惠政策，加大资金投入，采取多种切实有效的措施，推动了全区桑蚕产业的迅猛发展，并成为我国蚕业第一大省。目前广西已经形成了桂西北、桂中、桂南三大桑蚕优势产区，并且发展势头良好。广西桑蚕业发展迅速，桑园面积不断扩大，由2000年的2万hm^2增加到2012年的17.51万hm^2，桑蚕产业生产实现了跨越式发展，蚕茧产量31.57万t，连续三年居全国第一，对促进广西农民增收、农业增效、农村经济发展做出了贡献。

目前，桑蚕业生产机械化水平低，桑树的中耕、伐条、桑叶采摘全靠人力完成，劳动强度大、耗费时间长、作业成本高、工作效率低，而且在春季的中耕、夏季桑树伐条都要与水稻的田间管理、“双抢”争时间；桑蚕的喂养、清粪、消毒和上蔟等均为人工作业。因此，桑蚕业生产机械化技术的研发、推广和应用，对发展桑蚕业生产机械化，降低劳动强度，节约生产成本，提高劳动效率，促进桑蚕业生产的可持续发展，实现农民增产增收，具有重要意义。

一、广西桑蚕生产状况

（一）桑蚕生产逐步形成区域化

2012年全区桑园面积为17.51万hm^2，占全国总面积的21.2%以上，蚕茧产量达31.57万t，占全国总产量45%以上。

20世纪90年代以前，广西大部分地区都有种桑养蚕，但规模较小，零星分散。近年来通过不断调整和优化，桑蚕生产逐渐向优势区域转移集中，形成了桂西北、桂中、桂南三大桑蚕优势产业带，桑蚕产业逐步向区域化、规模化和专业化发展，全区涌现出一大批桑蚕生产大县、专业乡镇和专业户。

（二）蚕茧深加工逐渐形成

在宜州、横县、柳城、蒙山、合浦、浦北、上林、鹿寨、象州等县市，建立了一大批丝绸加工企业，在宜州、鹿寨、横县建立了丝绸工业园，一批捻线丝、

绢纺、织绸、蚕丝被等丝绸深加工项目开始动工建设并陆续建成投产；出现了广西华虹蚕丝股份有限公司、广西桂合集团有限公司、横县桂华茧丝绸有限责任公司、柳州市柳城鹏鑫源茧丝绸有限公司、合浦县常乐茧丝贸易有限公司等一大批年销售收入超亿元、年创利税百万元的农工贸一体化的丝绸加工龙头企业。

(三)桑蚕副产品综合利用技术在不断开发

近年来广西桑蚕资源综合利用的发展较快，尤其在茧丝绸产业发展的低潮时期，各地把桑蚕资源综合利用作为增加蚕农收入、提高产业效益的主要途径来抓，大力发展桑枝食用菌生产，开发桑枝造纸、蚕沙制肥、蚕蛾酿酒等桑蚕资源的综合利用，拓宽桑蚕产业链。据自治区农业厅和各县(市)农业局调查统计，2008 年在宜州、贵港、横县、环江、鹿寨、柳城、融水、钟山等县(市)建成桑枝食用菌生产企业 22 家，年产鲜菇 1.9 万 t，产值5 700万余元。象州、鹿寨、蒙山等地一些企业引进丝棉加工设备，利用削口茧、双宫茧、汰头、黄斑茧等下茧生产蚕丝被；玉林市蚕种场、来宾市蚕种场用雄蛾制作蛾公酒、雄露醇；柳城、象州引进 2 家企业开发利用桑枝替代木材造纸；宜州市利用蚕沙生产有机肥；象州县、鹿寨县引进企业利用桑枝制造环保型木地板、纤维板。同时，广西还开展了桑果汁、桑果酒和桑叶茶的研制开发，茧丝新用途开发，蚕蛹培养虫草和蚕蛾保健品的研发；进行蚕沙利用研究、蚕蛹利用研究与应用示范、丝绸加工废弃物回收及利用研究、污染排放物资源化利用研究等，提高茧丝绸产业综合经济效益。特别是蚕粪利用项目成功试验和启动中，蚕粪经过发酵、粉碎、过滤、烘干、装袋，成为价值 3 000 元/t 的有机肥。

二、广西桑蚕市场状况

(一)桑叶和蚕茧产量基本情况

2012 年桑树总面积为 17.51 万 hm^2，桑叶产量约 750 万 t，蚕茧产量 31.57 万 t。

(二)蚕茧价格情况

目前，茧丝绸市场行情看好，蚕茧价格持续上升，栽桑养蚕的经济效益高，在广西的很多地方都流传着“种桑养蚕，致富不难”，桑蚕业给农民带来了丰厚的收益，使广大农民走上了脱贫致富的小康之路。2013 年广西农民种桑养蚕平均亩产桑蚕茧 172.62kg，售茧收入 6 844.85 元，现金收益 5 210.67元，净利润 2 321.29 元，其中，售茧收入、现金收益和净利润均创出历史最高水平。按户均桑园面积 5.08 亩计算，2013 年平均每户售茧总收入 34 771.84 元，比最高年份增长 10.47%，总现金收益 26 470.20 元，比最高年份增长 10.14%，净利润 11 792.15 元，比最高年份增长 5.54%。

(三)形成较大规模的茧丝贸易集散地

为促进广西茧丝绸业发展，建立完善的流通体系，2005 年 4 月在南宁创建广西大宗工业原材料交易市场，即现在的广西大宗茧丝交易市场，这是国内继浙江嘉兴茧丝绸交易市场之后的第二家茧丝交易市场，主营蚕茧和生丝贸易，以电子商务为手段，通过信息、资金、仓储、运输、保险、结算等第三方物流配套，广泛开展茧丝现货交易，成为全国具有较大影响力的交易市场。

三、广西桑蚕生产机械化的基本状况

(一)桑田生产机械化的基本状况

目前，全区桑树种植约 250 万亩，但种桑生产现有的机械作业水平较低，特别是在占劳动强度较大的伐条方面仍以人工为主[夏伐 0.5～0.7 亩/(人・天)，冬伐 0.5 亩/(人・天)左右]，生产成本高，而且对树根茎造成一定的伤害。

桑田生产机械化技术线路：耕整地→开沟栽植→中耕施肥培土→剪梢→植保→采摘→伐条(夏伐、冬伐)。

(1)耕整地。目前已基本实现机械化作业，主要作业机具有手扶拖拉机和微耕机。

(2)开沟栽植。桑树属浅栽，各地种植行距各有不同，一般在 50～70cm，目前均以人工开沟栽植为主。

(3)桑田的田间管理。田间管理为中耕施肥培土、剪梢和植保三个环节。①中耕施肥培土主要使用多功能微耕机；②剪梢。目前桑园夏伐主要使用普通桑剪和省力大桑剪两种。普通桑剪为单手桑剪，对于直径小于 1cm 的桑枝条剪伐起来比较方便、速度也较快；而剪伐直径在 1cm 以上的枝条就比较费力；③现在农村普遍使用的是手动喷雾器、机动喷雾器和诱

蛾杀虫灯。手动喷雾器为背负式压力喷雾,操作简便、灵活,喷洒均匀。机动喷雾器机功率大、射程远,施药速度快,省时省事省力。诱蛾杀虫灯能有效降低田间虫或蛾量,减少用药次数,同时又能降低农药残留,确保蚕虫安全,提高蚕茧和蚕种质量。

(4)采摘。采叶机械目前在我区还没有应用,基本为人工采摘,用手动或电动切蔓机切碎桑叶喂养小蚕。

(5)伐条。目前桑枝伐条主要用背负式圆盘割铺机,适合单家独户应用。河池市和来宾市农机推广站先后研发割桑机(伐条机),但推广应用还比较少。

(二)养蚕机械化技术的基本现状

目前我区应用较广的机械有小蚕饲养的电器化共育系统、电动切桑机;大蚕饲养的条桑育简易蚕台、立体蚕架等;蚕体消毒的小型喷粉机;蔟具的纸板方格蔟、塑料折蔟;采茧机械的方格蔟采茧机。

(三)桑枝综合利用机械化技术基本状况

桑枝粉碎培育食用菌的机械主要有刀盘锤片式木材粉碎机、搅拌机、装袋机、接种机等。

四、广西桑蚕生产机械化发展趋势及问题

(一)桑蚕生产发展趋势

(1)桑树种植面积有较大的发展空间。广西气候条件适宜栽桑养蚕,通过科学栽桑养蚕,能够获得比其他一些作物更好的收益。近年来,种植面积有扩大的趋势,特别是河池市和来宾市每年都在扩大种植面积。实践证明:选育推广的优良桑品种不仅可在良田良地生长良好,在坡地、河滩地、峰丛洼地栽植也有较高的产叶量,桑树适应性广、耐涝能力比较强,通过调整压缩一些低效益作物面积,可以调整出一部分土地用来发展桑蚕生产,也可以利用江河两岸的低水位田地发展种桑养蚕。因此,广西的桑蚕生产还有较大的发展空间。

(2)丝绸消费需求的不断增长带来广阔的市场前景。随着经济水平的提高和丝绸工业新技术、新工艺的应用,新产品不断问世,丝绸制品成为人们消费的时尚追求。近几年来,国内丝绸消费也出现了明显增长,尤其是蚕丝被和丝绸家纺用品已成为市场畅销、支撑行业发展的产品。丝绸市场消费需求的增长，为桑蚕产业的发展带来广阔的市场前景。

(3)区域经济合作发展带来巨大商机。随着中国—东盟自由贸易区的建立、泛北部湾经济开发区及泛珠三角区域合作框架的构建，广西作为西南出海大通道，与东盟国家之间的交往越来越密切，丝绸产品的对外贸易也将获得更好的发展机遇。

(4)茧丝绸加工和贸易有较大的发展潜力。目前，广西的蚕茧产量占全国的比例已超过25%，但蚕丝产量还不到全国总量15%，区内缫丝厂只能加工本地近60%的蚕茧，还有40%左右的蚕茧需调往区外加工。因此，广西的茧丝绸加工贸易还有较大的发展潜力。

(5)桑蚕综合利用增值潜力大。广西已是全国桑蚕第一大省，蚕茧产量连续3年稳居全国第1，约占全国总产量的1/4，拥有丰富的桑蚕资源。除蚕茧用于丝织工业外，桑枝、桑叶、桑椹、蚕沙、蚕蛹以及缫丝下脚料、废丝等副产品均有较高的利用价值。目前，广西桑蚕资源的综合利用还处于起步阶段，尚未形成规模效益，还可以挖掘较大的增值潜力。

(二)桑蚕生产机械化技术发展趋势

(1)重点发展桑枝叶收获机械。目前，广西桑蚕生产机械化水平较低，尤其桑枝叶的收获技术。在蚕业生产中，桑枝叶的收获是一项劳动效率低、劳动强度大的作业。据调查，在整个桑蚕生产中，桑枝叶收获的劳动力约占70%。采用人工采叶、桑剪伐条，劳动强度大、作业效率低，桑枝叶收获机械化已成为当前亟待解决的问题。

(2)单一的桑园生产机械化向养蚕机械化扩展。种桑和养蚕是桑蚕生产的两个环节，仅靠种桑实现机械化，只能解决桑叶生产机械化问题，养蚕工作还得靠人工劳动，只有在桑园生产机械化的基础上，逐步推广应用养蚕机械化技术，使种桑养蚕实现全程机械化，才能实现桑蚕生产高效率和低消耗，提高整个产业的经济效益，增强市场竞争力。

(3)桑蚕机械作业服务向联合经营或合作社方向发展。据调查，广西种桑面积0.33hm^2以上的有12.26万户，每户一般都要配备一台手扶拖拉机或耕整机和适量的剪桑工具，用于自家桑园作业。但是，年耕作时间短，作业量少，机具的利用率很低，实际效益低。随着土地整合和规模经营的出现，农机经营服务方式也要改变，多机联合作业、大小机配套作业、区域

优先作业等经营模式能够起到互补作用，充分发挥技术、时间和能耗的优势，产生更高的效益。

(三)影响广西桑蚕生产及机械化发展的因素

(1)单家独户经营，地块小、行距小(50～70cm)、生产规模小，制约了大型机械的使用。

(2)桑蚕业生产由于自然条件、地理环境的影响，季节性较强，生产时间短，投资较大，设备利用率低。

(3)研发桑蚕机械的投入不足，适合广西使用的机械少。

五、国内外桑蚕机械化研究进展

(一)国内桑蚕机械化的研究进展

1. 养蚕机械化技术

我国桑蚕业历史悠久，长期以来，生产工具落后，除桑蚕研究所和蚕种场有少数机具外，广大农村种桑养蚕仍然是手工操作。我国自1959年开始研制各种型式的桑枝收获机具，到20世纪80年代，已研制成多种型式的桑枝收获机具。目前我国在养蚕机具方面已研究基本成熟的有热风机、补湿器及自控加温补湿装置，蚕具洗刷消毒机械、催青机械设备、切桑机、给桑机等饲育机械和一整套简易的纸板方格蔟制造机具。

2. 桑园机械化技术

(1)整地机械。桑园机械多年来主要是小型手扶拖拉机进行桑园耕翻、中耕除草、桑叶运输和喷药治虫的农业机械，同时对绿肥埋青、播种及开沟、施肥等进行了配套机具的研制。

(2)采桑机械。我国研究的片叶采桑器及小型伐条机，作业效率不明显，虽然浙江省农业科学院桑蚕研究所研制的桑树剪条机作业效率较高，但与目前桑树剪伐的型式不匹配，推广较难，为此，桑蚕机械的研制要与农艺要求相适应。

(3)桑树伐条机械。国内研发的桑树伐条机械主要有：①嘉兴地区桑蚕研究所研制的79－1型脚踏伐条剪；②苏州桑蚕专科学校研制的苏蚕4SF－2型小动力桑树伐条机；③浙江省农业科学院桑蚕研究所与浦江县平安农机厂共同研制的4FS－6003型桑树伐条机；④江西国营桑蚕综合垦殖场农机厂研制的桑海－J30型桑树伐条机；⑤广西河池市农机推广站研发的

HCSF－03 型桑园伐条机以及来宾市农机推广站研发的 3ZG－25 型桑树中耕伐条机。

(二)国外桑蚕机械化的研究进展

(1)日本的桑收获机械发展最快,机械化水平也最高,至今已研制出适于各种类型桑园的桑收获机械。如专门用来采摘叶片的吸引型脱叶收获机、乘坐型的拖拉机悬挂桑条机、手扶耕耘伐条机、手持式、背负式小型伐条机等。

(2)俄罗斯的桑蚕机械化研究,由于大部分桑树为中干或乔木式养成,因此多数引用了大田、森林、果园的机械,翻地、中耕、施肥、掘沟、打穴都是用拖拉机来带动深耕犁、掘苗机、作埂机、中耕机、播种机、掘沟机等进行的,而养蚕机具还只限于蚕种场的使用,如圆盘伐条机、切桑机、雌雄茧分离机、磨蛾机、蚕卵大小分级机等,并推广了自动烘茧机等。

六、加快广西桑蚕生产机械化发展的初步设想

(1)加大资金和科技投入,鼓励和支持相关部门研发适应广西桑蚕作业的机具,探讨人工饲料养蚕的路子。

(2)农机与农艺相结合,为解决关键环节机械化作业创造条件。

(3)加大对桑蚕大户的补贴,扶持其购买或使用重点桑蚕机械。

(4)在政策上支持企业投资连片开发桑蚕生产。

(5)加强服务组织建设,扶持、帮助农机服务队和桑蚕合作社经营。

广西蔬菜生产机械化发展现状

广西地处亚热带地区，雨量充沛，一年四季气候温暖、湿润，适合各种蔬菜生长，年种植面积达 107.53 万 hm^2，总产量达 2 317.4 万 t，是全国南菜北运的主产区。也是广东和港澳蔬菜供给地之一。种植蔬菜是广西传统产业，是全区农民增收的来源之一。近年来，随着人们生活水平的提高，一些高品质、无公害蔬菜得到了较快发展，大棚种植和标准化生产应运而生，良种、良法技术得到了推广。为了推动蔬菜优势产业加快发展、优先发展、可持续发展，需了解、掌握全区蔬菜生产机械化的基本状况，向政府提供决策依据。

一、蔬菜产业发展现状

（一）基本情况

（1）产业规模不断扩大。21 世纪以来，坚持按照区域化布局、专业化生产的原则，坚持统筹安排，效益优先，在稳定粮食生产的前提下，蔬菜产业进入稳定发展时期。据统计，2012 年广西蔬菜（含食用菌、瓜果类作物）种植面积 107.53 万 hm^2，比 2011 年增加 3.33 万 hm^2，产量 2 245 万 t，增长 3.46%，产值 240 亿元。2011—2012 年，全区秋冬菜种植面积为 90 万 hm^2，产量 2 020 万 t，其中，960 万 t 商品菜销往区外，产值 165 亿元。从事蔬菜就业达 500 万人。

（2）优势区域逐步形成。广西蔬菜生产逐步向优势产区集中，区域化格局基本形成。2010 年蔬菜种植面积超过 6.67 万 hm^2 的市有 6 个，有 26 个县（市、区）达到 1.33 万 hm^2，有 61 个县（市、区）突破 0.67 万 hm^2。全区已基本形成秋冬菜、夏秋反季节菜、中心城市菜篮子、丘陵山区和高山特色无公害蔬菜、创汇蔬菜、食用菌等六大商品菜优势产区，全区上市蔬菜 90% 以上由这些优势产区供给。广西蔬菜产业的发展，得益于近年来各级农业部门大力扶持引导，得益于一批蔬菜种植企业与专业合作社的发展壮大。据调查，2013 年全区面积规模 66.7hm^2 以上的蔬菜种植企业、专业合作社超百家，成为带动农民发展蔬菜种植，增加蔬菜产量的重要力量。

（3）品种结构不断优化。广西平均每年引进国内外蔬菜优良品种（品系）100 多个，蔬菜主产区良种覆盖率均超过 80%。除了传统名牌品种外，圣女小番茄、青花菜、西葫芦、彩色甜椒、巴西菇等精细菜种已形成规模化生产，优特菜、精细菜、反季节菜的面积和产量持续快速增长。

(4)质量安全显著提高。2010 年以来，农产品质量安全例行监测表明，广西 14 个城市蔬菜中农药残留监测全年平均合格率达到 96%以上，基本保证了蔬菜产品的质量安全。

(5)营销体系趋于完善。2013 年全区蔬菜批发市场已建或者在建 300 多个，农民产销合作组织不断发展壮大，全区共有 1 200 多个农民产销合作组织、45 万人从事蔬菜流通、销售，蔬菜成交量达 600 万 t。全区 14 个市、50 多个蔬菜主产县和 270 个乡镇、菜农大户利用已开通的广西农业信息网、互联网发布供求信息，开展现代化网上营销业务。

(二)存在的主要问题

(1)品种结构不尽合理。一般产品多，名、优、特、新产品少；集中上市的产品多，可常年供应的产品少；初级产品多，加工增值产品少；低档产品多，高端产品少。

(2)先进技术普及率低。栽培技术集成创新不够，新成果入户率和转化率低，农机化应用程度与技术水平仍处于初级水平，栽培管理、贮运保鲜技术水平不高，距标准化、指标化、措施化的现代农业要求还相差甚远，蔬菜单产低、产品档次低，竞争力不强。

(3)基础设施建设滞后。广西蔬菜生产基地设施简陋、贮藏保鲜设施不足，水利基础设施薄弱，防灾、抗灾能力差，蔬菜产量和价格波动明显。

(4)组织化程度不高。蔬菜生产以千家万户分散经营为主，规模效益差，抗御风险能力弱。产地批发市场、龙头企业、专业合作组织和经纪人数量少，加工、营销、信息等服务跟不上。

(5)采后加工处理落后。贮藏保鲜设施不足，蔬菜加工企业规模小，加工技术、设备落后，新产品开发能力弱，精深加工少。

二、产业发展的形势分析

(一)市场需求分析

(1)国际市场需求分析。目前，世界蔬菜消费量年均增长 5%以上，增长主要集中在日本、韩国及东南亚等传统的蔬菜进口国家(地区)，中国—东盟自由贸易区的建立又给广西蔬菜出口带来巨大机遇。广西蔬菜出口

潜力很大。除了鲜生姜、大蒜、芋头、莲藕、马蹄、番茄等传统出口品种外，水煮笋、速冻蔬菜、速冻蘑菇、盐水蘑菇、干香菇、木耳、辣椒干等名优新品种日益受到东南亚或粤港澳地区、东盟国家消费者青睐。随着广西蔬菜质量水平的提高，采后处理设施和技术的改进，加上良好的气候资源和低成本优势，蔬菜出口还有很大的发展空间。

(2)国内市场需求分析。预计到2015年，我国将新增6 000多万人，按每天人均消费0.5kg蔬菜计算，将增加蔬菜消费1 096万t；随着社会经济发展，特别是随着农民收入水平的提高、城镇化步伐加快，消费呈现多元化格局，国民消费从温饱型转入营养健康型，对消费安全、营养、保健蔬菜的需求将不断增加。

(二)有利因素

一是自然条件优越。广西属亚热带湿润季风气候，年平均气温17～23℃，各地无霜期在284～360天，其中桂南及沿海各市，左、右江河谷等地的35个县(市、区)全年无霜期长达360天以上，基本无冬季，具有蔬菜常年生产的自然条件。二是品种资源丰富。广西蔬菜名、特、优、新品种资源有452个，野生蔬菜共84种。三是上市季节有利。广西气候多样，春夏反季节蔬菜、秋冬蔬菜生产上市时期与区外产地错开，发展空间大。四是成本低廉。蔬菜生产及加工属于典型的劳动和技术密集型产业，广西劳动力资源丰富，成本相对较低，蔬菜生产成本低于广东等发达地区，蔬菜价格一般为发达地区的1/5～1/2。五是区位优势突出。广西蔬菜出口集中在东南亚国家和地区，广西与这些国家毗邻，交通便捷，发展蔬菜生产的区位优势明显。

(三)不利因素

(1)技术方面。广西蔬菜种植品种繁多，对农民种植技术要求较高；蔬菜生产质量安全标准体系还不够完善，容易出现产品质量安全问题。同时，蔬菜也是农业投入最密集的产业之一，肥料、农膜污染问题逐年严重。

(2)市场方面。广西蔬菜出口市场小、数量少，加工能力薄弱，应对市场波动能力较弱。蔬菜市场价格变动剧烈，农民易受影响而改种，产业规模不稳定。

(3)政策方面。蔬菜是一个“全民产业”，种植分散、规模小，加工企业少、利税少，往往难以获得地方财政的支持，发展后劲不足。

(4)劳动力方面。从 2010 年以来，劳动力成本不断上升，劳动力也逐年老龄化，农村的大部分年青劳动力不愿从事农业生产，作为传统人工的补充，对于农机的应用普及程度与技术水平已逐步得到重视。因为当前劳动力趋于老龄化，难以进行高技术含量的机具应用。

三、广西蔬菜生产机械化技术应用现状

长期以来，广西的蔬菜产业一直沿用传统的人工作业，主要有 3 个原因：一是人们普遍认为蔬菜生产是一种劳动密集型产业；二是菜农受传统农业生产模式的影响，认为蔬菜生产就是人工作业，机械化作业达不到人工作业的质量，所以不愿接受机械化作业；三是农村经济的发展需要一个过程，菜农在核算成本时，并不考虑自己的劳动力成本，认为机械作业成本较高，对于蔬菜机械化生产新技术、新机具一时接受不了。

广西大多数蔬菜都为露地种植品种，生产技术路线主要包括：耕地、整地、筑畦、播种(或育苗、移栽)、施肥、灌溉、喷药、收获、冷藏、储运等作业环节。

耕地、整地、筑畦、喷药等作业环节的机械化已得到普及应用；而播种(或育苗、移栽)、施肥、灌溉等作业环节，因技术要求较高，机械化难以得到应用；特别是收获环节，技术要求较高，加上广西绝大多数蔬菜都是鲜嫩的叶菜类或多汁的果实类，机械化采收容易造成损伤，现在仍处于空白状态。

四、广西蔬菜生产机械化技术发展的主要问题及对策

(一)主要问题

(1)种植地块小、生产规模小，仅靠农民投资难以解决机械化问题。

(2)蔬菜生产周期比较短，品种繁多，大多数蔬菜都是以鲜嫩的叶菜、多汁的果实为主，容易造成采收损伤，故机械作业的适应性较差。

(3)多数菜农沿袭过去的种植习惯，对农机化新技术认知不够，限制了机械化技术的应用。

(二)对策

(1)落实好国家强农惠农政策，鼓励、扶持社会资本投入蔬菜生产经营，采取公司独立经营、公司加农户、专业合作社、专业大户等生产经营模式，通过土地流转，形成连片开发，规模经营，为机械化高效作业创造条件。

(2)应加大对设施农业的投资扶持力度,设立专用资金,扶持企业、专业合作社、种菜大户等建设设施蔬菜,从根本上解决机械化作业问题,提升广西蔬菜生产机械化水平。

(3)加大技术培训力度,提高农民对机械化技术的认识和实际操作水平。

六、广西“十二五”农业生产机械化发展目标及区域布局

广西水稻生产机械化“十二五”发展目标及区域布局

一、主要发展目标

(一)水稻生产机械装备水平

小型拖拉机:2015年达到50万台,比2010年增加14.2万台,增长39.6%;耕整机:2015年达到95万台,比2010年增加40.1万台,增长73%;配套机具:2015年达到95万台(套),比2010年增加44.3万台(套),增长87.3%;水稻联合收割机:2015年达到3.7万台,比2010年的1.7万台增加2万台,增长118%;水稻插秧机:2015年达到3.8万台,比2010年的1.2万台增加2.6万台,增长217%。

(二)水稻生产机械化水平

到2015年,水稻耕种收综合机械化水平达到70.5%,比2010年提高24.43个百分点,其中,机耕面积达到2817万亩,比2010年的2 495万亩增加322万亩,增长12.91%,机耕水平达到90%,比2010年提高10.6个百分点;机插面积达到1 000万亩,比2010年的198.4万亩增加801.6万亩,增长404%,机插水平达到32%左右,比2010年提高26.7个百分点;机收面积达到2 598万亩,比2010年的1 321.2万亩增加1 276.8万亩,增长96.64%,机收水平达到83%左右,比2010年提高40.3个百分点。

二、发展重点和区域布局

(一)发展重点

1.重点区域。在水稻主产区发展水稻生产机械化,重点区域为贵港、玉林、梧州、贺州、桂林、柳州、来宾、南宁、钦州等9个优质稻生产重点市。

2.重点技术。以发展水稻机插、机收技术为重点,辅之以水稻机播、育秧和烘干机械化技术的示范推广。

(二)区域布局

选择桂平、平南、港北、港南、覃塘、兴业、博白、陆川、北流、容县、玉州、苍梧、藤县、岑溪、钟山、八步、临桂、阳朔、平乐、荔浦、永福、灵川、全州、兴安、灌阳、柳江、柳城、鹿寨、象州、武宣、金秀、忻城、兴宾、宜州、金城江、罗城、环江、田东、武鸣、邕宁、横县、宾阳、上林、隆安、扶绥、灵山、浦北、钦北、合浦、上思、蒙山等51个产粮重点县(市、区)作为水稻生产机械化重点发展县(市、区)。

(三)重大项目——水稻生产全程机械化示范工程

1.项目建设

在贵港、玉林、梧州、贺州、桂林、柳州、来宾、南宁、钦州等9个优质稻生产重点区各建立水稻生产全程机械化示范区,在全州、宾阳、象州、鹿寨、桂平、平南、博白等51个水稻生产重点县(区)各建设1个1 000亩以上的水稻生产全程机械化示范基地,逐步推进水稻生产向全程机械化、标准化、规模化方向发展。

2.预期目标

一是示范区水稻耕种收综合机械化水平达到90 %,全自治区达到70.5 %,进入高级发展阶段。承担项目的县(市、区)水稻生产机械化得到加快发展,机插水平提高到77%,机收水平提高到90 %,水稻生产的耕整地、排灌、植保、脱粒、加工基本实现机械化。二是辐射带动全区实施水稻生产机械化面积70万亩以上,进一步降低水稻生产成本,减轻农民劳动强度,促进农业增效、农民增收。

广西甘蔗生产机械化"十二五"发展目标及区域布局

一、主要发展目标

(一)甘蔗机械装备水平

到2015年,全区拥有大中型拖拉机2.6万台,开行犁1万台,甘蔗中耕培土机1.5万台,甘蔗装载机1.1万台,甘蔗收获机械3 100台(套)。其中:国产甘蔗联合收割机1 500台,分段式甘蔗收获机组1 600套(分段式甘蔗收获机组以10台甘蔗割铺机、5台甘蔗剥叶机、1台甘蔗收集车、1台甘蔗扎捆机和1台甘蔗装载机共18台机具为1套组成参照机组)。

(二)甘蔗生产机械化水平

至2015年,甘蔗耕作、种植、收获机械化水平分别达到90%、25%、20%,甘蔗耕种收综合机械化水平达到49.5%,比"十一五"期末年提高10.1个百分点,跨入中级发展阶段。

二、发展重点及区域布局

(一)发展重点

重点发展甘蔗收获机械化技术,全面推进蔗地深耕深松、种植、中耕培土、植保、灌溉、蔗叶粉碎还田等机械化技术示范推广,开展甘蔗保护性耕作机械化技术试验示范。

(二)区域布局

在桂中、桂南重点蔗区的柳州、来宾、河池、贵港、南宁、崇左、百色、钦州、防城港和北海等10市,包括柳城、柳江、鹿寨、兴宾、武宣、象州、忻城、宜州、罗城、覃塘、港北、武鸣、隆安、横县、宾阳、邕宁、江南、良庆、上林、西乡塘、江州、扶绥、龙州、宁明、大新、右江、田东、田阳、钦南、灵山、上思、合浦、银海等33个甘蔗生产优势区域县(市、区)推进甘蔗生产机械化。

(三)重大项目——甘蔗生产机械化示范工程

(1)在柳州、来宾、河池、贵港、南宁、崇左、百色、钦州、防城港和北海等10市建立甘蔗生产机械化示范区,重点开展甘蔗收获机械化示范,加快推进甘蔗收获机械化。

(2)在柳城、柳江、鹿寨、兴宾、武宣、象州、忻城、宜州、罗城、覃塘、港北、武鸣、隆安、横县、宾阳、邕宁、江南、良庆、上林、西乡塘、江州、扶绥、龙州、宁明、大新、右江、田东、田阳、钦南、钦北、灵山、上思、合浦、银海等 33 个甘蔗生产优势区域县(市、区)各建设 1 个 1 000 亩以上的甘蔗生产机械化示范基地,因地制宜示范推广蔗地深耕深松、中耕培土、植保、灌溉、收获和蔗叶粉碎还田等机械化技术,提高甘蔗生产机械化水平;开展甘蔗保护性耕作机械化技术试验示范,促进生态环境保护。

(3)扶持建立 300 个甘蔗机收专业合作社,提高甘蔗机收作业水平。

七、主要农业生产机械化技术要点

水稻生产机械化技术

水稻生产机械化技术主要包括水稻耕整地、育插秧、植保、收获、秸秆粉碎还田和稻谷干燥等生产环节的机械化技术。

一、水稻耕整地机械化技术

技术定义 水稻耕整地机械化技术是指使用与各类中、小型拖拉机配套的犁、耙、旋耕机或者水田耕整机、微耕机、机耕船等机械对水稻田进行犁、耙、旋耕、平整等作业过程。

技术路线 耕翻→灌水浸泡→施基肥→旋耕(或耙)→平整

技术要求 ①耕深15～18cm,耕深均匀性≥95%,漏耕率≤1%。②耕地作业要求翻垡良好,覆盖严密,绿肥、稻茬、杂草等植被覆盖率≥65%。③整地后土壤细碎,起浆好,田面平坦,无垄沟,田面平整度≤3 cm。④单个田角余量≤1m²,耕整合格率≥90%。

主要作业机具 犁耕、旋耕、滚耙等机具。

二、水稻育插秧机械化技术

水稻育插秧机械化技术包括水稻育秧、插秧机械化技术。

(一)水稻育秧机械化技术

技术定义 水稻育秧机械化技术是指根据插秧机的性能特点,培育符合插秧机作业和农艺要求的优质秧苗的技术过程。

技术路线 ①工厂化硬盘床土育秧技术路线

<table>
<tr><td>床土取土→碎土筛选→拌肥
(壮秧剂)→调酸→搅拌→堆沤

晒种→选种→浸种→晾种→
消毒 →床土铺放→洒水

秧盘清洁 → 消毒 →增温保湿
→催芽盘根→摊盘
→催苗→绿化→炼苗→移栽</td><td>→播种→覆土→叠盘</td></tr>
</table>

②大田拌浆软盘育秧技术路线

泥浆准备→拌肥(壮秧剂)→过筛
晒种→ 选种→浸种 →催芽
→铺放空盘→铺浆 } →刮浆→播种→压种(履土)
精做秧床
→封膜盖草→揭膜炼苗→肥水管理→移栽

技术要求 ①秧块规格标准化。秧块标准尺寸为长58cm、宽28cm、厚2.5cm,边角整齐方正。②秧苗分布均匀。每平方厘米秧块平均成苗数:常规稻为1.5～3株,杂交稻为1～1.5株,且均匀整齐。③秧苗群体质量均衡。插秧前床土含水率在35%～45%,根系发达,盘结良好,形如毯状,整块秧苗提起不散。④秧苗个体健壮。茎基粗扁,叶挺,植株矮壮,叶色深绿,苗基部茎宽≥0.2cm;根多色白,单株白根量10条以上,无病株和虫害。⑤秧龄苗高符合机插要求。秧龄一般15～20天(早稻气温低可适当延长),株高12～17cm,叶龄3.5～4叶。

(二)插秧机械化技术

技术定义 插秧机械化技术是指采用插秧机把适合插秧机作业条件的适龄秧苗,按农艺要求和规范栽插到大田的作业过程。

技术路线 大田耕整→泥浆沉淀→插秧机调整→装秧→试插→插秧

技术要求 ①田面平整,田面高度差不大于3cm,表土软硬适中,无杂草杂物,稻草须压入土中。②施好基肥。根据大田肥力情况,结合耕整、旋耕作业施用适量有机肥和速效化肥。③泥浆沉实,大田耕整后以泥水分清为宜。沉实时间的长短根据土质情况而定,沙质土需沉实1天左右,壤土需沉实1～2天,黏土需沉实3天左右。④大田泥脚深度小于30cm,水深控制在1～3 cm。⑤根据需要调整插秧穴距、穴株数。⑥栽插深度控制在1.5～2.0cm以内,每穴3～4株,行要直,要求秧苗不漂不倒,越浅越好。⑦漏插率小于5%,伤秧率小于4%,相对均匀度大于85%,作业覆盖面达98%。

主要作业机具 水稻播种流水线及成套设备,行走式和乘坐式插秧机。

三、水稻植保机械化技术

技术定义 水稻植保机械化技术是指在水稻生产管理过程中,针对不同病虫草害、不同害情、不同种植制度采用相应的植保机械进行喷施农药，防治水稻病、虫、草害的技术。

技术路线　机具选用及检查→安全防护→药液(粉剂)调配→喷施

技术要求　①根据病虫草害的为害程度、抗药性状况选择适宜的农药品种及施药量。②所用农药须有农药登记证、生产许可证和注册商标。③按机具喷量和防治要求配置药液的浓度。喷粉式作业用粉量要根据药粉品种和病虫情况来确定。④环境条件应无雨少雾，气温在5～30℃，风速不大于2m/s。⑤药液覆盖率≥33%，雾滴分布均匀性(变异系数)≤50%，作物机械损伤率≤1%。⑥喷粉式作业要根据喷粉的有效射程、机具喷量和施粉量来确定行走速度（一般0.5～1m/s)，喷粉幅宽一般5～30m。

主要作业机具　有喷雾式、喷粉式和喷烟式三种类型。

四、水稻收获机械化技术

技术定义　水稻收获机械化技术是指应用先进适用的机械完成收割、脱粒、清选等作业过程的技术。主要分为联合式和分段式两种。

1. 水稻联合收获机械化技术

技术定义　水稻联合收获机械化技术是指应用先进适用的水稻联合收割机连续完成水稻分禾、扶禾、收割、喂入、输送、脱粒、茎秆分离、谷粒清选、装袋等作业工序的机械化技术。

技术路线　采用联合式，①全喂入式：分禾→拨禾→切割→喂入→输送→脱粒→清选→装袋(仓)或卸粮→茎秆、杂物排出。②半喂入式：分禾→拨禾→切割→夹持输送→喂入→脱粒→清选→装袋(仓)或卸粮→茎秆有序排放(切碎还田)

技术要求　①总损失率：全喂入式≤3.5%；半喂入式≤2.5%。②破碎率：全喂入式≤2.5%；半喂入式≤1.0%。③含杂率：全喂入式≤2.5%；半喂入式≤2.0%。④只有风扇清选无筛选机构的联合收割：全喂入式含杂率：≤7.0%；半喂入式含杂率≤5.0%。⑤收获后地表状况及割茬高度：半喂入式≤18cm，无漏割，地头、地边无残留；全喂入式可根据当地农艺要求确定。

主要作业机具　全喂入水稻联合收割机、半喂入水稻联合收割机。

2. 水稻分段收获机械化技术

技术定义 水稻分段收获机械化技术是指使用水稻割晒机、电动割禾器等机具将稻秆割倒，整齐排列铺放或堆放在田间，再通过人工将水稻喂入机动脱粒机完成脱粒、清选、装袋等工序的机械化技术。

技术路线 割晒机切割→铺、放→人工拾禾→机械脱粒→清选→装袋

技术要求 ①收割损失率≤1%；②割晒稻秆排列有序、堆放整齐；③脱净率≥99%，破损率≤1%，损失率≤1.5%。

主要作业机具 割晒机、脱粒机。

五、稻秆粉碎还田机械化技术

技术定义 稻秆粉碎还田机械化技术是指使用机械将收获后的稻秆粉碎并埋入土中还田的过程。

技术路线 稻秆切碎→铺撒→施药→浸泡→施肥→翻埋沤腐

技术要求 切碎的稻秆长度≤100mm，翻埋率≥95%以上。

主要作业机具 水田旋耕埋草机、水田埋草驱动耙、灭茬旋耕机和机耕船等。

六、稻谷干燥机械化技术

技术定义 稻谷干燥机械化技术是指以机械设备为主要手段，采用相应的工艺和技术措施，人为地控制温度、湿度等因素，在不损害稻谷品质的前提下，降低稻谷中含水量，使其达到国家安全贮存标准的干燥技术。

技术路线 进仓→干燥→缓苏→干燥→出仓

技术要求 ①早籼、籼糯含水率≤13.5%；早粳含水率≤14.0%；晚籼含水率≤14.0%；晚粳含水率≤15.5%。②爆腰率增值≤3.0%。③破损率增值≤1.0%。④干燥种子时种子发芽率不得降低。⑤分批干燥含水率不均匀度≤2.0%；连续干燥含水率不均匀度≤1.0%。⑥焦煳粒、爆花粒应为0。⑦色泽、气味正常、无污染。

主要作业机具 批式低温循环烘干机、移动床烘干机、流化床烘干机和滚筒式烘干机。

甘蔗生产机械化技术

甘蔗生产机械化技术主要包括甘蔗深耕深松、种植、中耕施肥培土、植保和收获等环节的生产机械化技术。

一、蔗地深耕深松机械化技术

技术定义 蔗地深耕深松机械化技术是采用大型拖拉机及配套机具对蔗地进行深耕、深松作业，改善土壤结构，使土壤疏松透气，提高土壤蓄水保墒能力的技术。

1. 蔗地深耕机械化技术

技术定义 是指使用大型拖拉机配套深耕机具，进行深耕作业、耕深达35cm以上的耕作技术。

技术路线 ①熟地：深犁→碎土整地；②宿根翻蔸蔗地：蔗蔸破碎→深犁→碎土整地；③荒地：浅犁→旋耕→深犁→碎土整地

技术要求 ①耕深35cm以上，深耕稳定性≥90%。②实际耕幅与犁的耕幅一致，不重耕、漏耕。③植被覆盖率≤60%。④漏耕率≤1%。⑤碎土率(耕作≤5cm^2 的土块)≥50%。

主要作业机具 1LH型系列深耕铧式犁。

2. 蔗地深松机械化技术

技术定义 是指使用大型拖拉机配套深松机，进行深松不翻土、深松深度达40cm以上的耕作技术。

技术路线 ①荒地：浅耕→旋耕→深松土→碎土整地；②宿根翻蔸蔗地：旋耕→深松土→碎土整地

技术要求 ①深松深度40cm以上。②深松深度、深松间距保持均匀一致，深松后的土层要达到深、松、碎、平。

主要作业机具 凿形铲式深松机和带翼铲柱式深松机。

二、甘蔗种植机械化技术

技术定义 甘蔗种植机械化技术是指使用甘蔗种植机械进行开行(沟)、施肥，斩种、消毒、摆种，覆土、压土、盖膜等工序的作业过程。

技术路线 开行(沟)→施肥→斩种→消毒→摆种→覆土→压土→盖膜

技术要求 ①开沟深度：垄顶至沟底为 30～35cm。②行距：等行距 120～140cm；宽窄行距（120～140）cm×（40～60）cm，开行要直且行距均匀。③亩播种量：平均每米有效芽 13～15 个，每亩 7 000～8 000 个芽。④损芽率＜2%。⑤蔗种覆土厚度：5～8cm。

主要作业机具 ①开行犁，该机具与 36.8～73.5kW 轮式拖拉机配套使用；②甘蔗联合种植机，型号为 2CZ－2 型、2CZ－2A 型和 2CZX－2 型等。

三、甘蔗中耕施肥培土机械化技术

技术定义 甘蔗中耕施肥培土机械化技术是指甘蔗在长至全苗、拔节前使用机械对蔗地行间进行碎（松）土、除草、施肥、培土的机械化作业过程。

技术路线 碎（松）土→除草→施肥→培土

作业质量要求 ①培土高度（≥ 8 cm）合格率≥ 80%；②施肥覆盖率≥ 85%；③甘蔗损伤率≤ 8%；④杂草覆盖率≥ 85%。

技术要点 ①甘蔗行距为 70～150cm，蔗苗长至全苗、拔节前作业；②土壤含水率为 15%～25%，土壤硬度（坚实度）0.4～2.0 MPa；③地块平坦，坡度不大于 15°，作业地块的长度不少于 40 m，宽度不少于 10 m；④颗粒状化肥含水率不大于 20%，小结晶粉末状化肥含水率不大于 5%；⑤使用犁铲式中耕培土机在宿根蔗地上进行作业，最好在甘蔗分蘖前进行破垄，保证有足够的土壤可供培土；⑥根据行距、苗高、品种等条件选择适用的机具进行作业。

主要作业机具 可分为大中型、小型和微型三种。大中型甘蔗中耕培土机以 44kW 以上大中型拖拉机为配套动力，小型甘蔗中耕培土机以 8.8～14.7kW手扶拖拉机为配套动力，微型甘蔗中耕培土机以 3.7～5.9kW 微型拖拉机为配套动力。

四、甘蔗植保机械化技术

技术定义 甘蔗植保机械化技术是指在甘蔗生产管理过程中，采用专用动力植保机械进行喷施农药，防治甘蔗病、虫、草害的作业技术。

技术路线 确定药品→选择机具→配药→装桶→调试→选择作业路线→喷洒

技术要求 ①喷雾作业时，要求将药水雾化成100～300μm的雾滴喷洒到作物上，确保雾化均匀，粘着性好。②弥雾作业时，利用高速气流将药水雾化成75～100μm的雾滴，确保雾滴细小、飘散性好、分布均匀、覆盖面积大。③喷烟或超低(容)量喷雾作业时，利用高温气流使预热后的烟剂发生热裂变，形成1～50μm的烟雾，通过高速气流吹送。

主要作业机具 有喷雾机、弥雾机、喷粉机、超低量喷雾机、烟雾机等。

五、甘蔗收获机械化技术

技术定义 甘蔗收获机械化技术是指使用甘蔗联合或分段式收获机械进行甘蔗收获的作业过程。

技术路线

(1)切段式联合收获：切梢→扶正→切割→喂入→输送→切段→分离→输送→装车。

(2)整秆式联合收获：扶正→切割→喂入→剥叶→输送→蔗茎蔗叶分离→断尾→集堆→装车。

(3)分段式收获：①割铺：扶正→切割→输送→铺放；②剥叶：人工喂入→剥叶→切梢→人工捆绑；③装车：田间运输→集堆→机械装车。

作业质量要求 ①适用行距：1 100～1 500mm。②切割高度合格率≥95%。③宿根破头率≤10%。④含杂率≤8%。⑤总损失率≤5%。

主要作业机型 分为切段式甘蔗联合收割机、整秆式甘蔗联合收割机和分段式收获机械等三大类，其中，分段式收获机械有割铺机、剥叶机，运输机和装载机等。

水果生产机械化技术

水果生产机械化技术主要包括果树施肥、果树植保和香蕉采收等生产环节的机械化技术。

一、果树施肥机械化技术

技术定义 果树施肥机械化技术是指使用机械进行开沟（挖坑）、施肥、覆土等工序的作业过程。

技术路线 ①土壤施肥：配肥→机械开沟（挖坑）→施肥→回填土；②根外施肥：配肥→过滤→机械喷撒

技术要求 排肥均匀、连续、稳定，断条率＜4%；各行排肥量一致、施肥位置准确，一致性、准确率≥80%；施肥后的土壤覆盖率≥96%。

主要作业机具 微型耕作机，耕作管理机、多功能田园管理机和手提挖掘机。

二、果树植保机械化技术

技术定义 果树植保机械化技术是指使用机械将药剂均匀地喷洒在果树叶面上，达到防治病虫害目的的作业过程。

技术路线 配药→搅拌→过滤→喷洒

技术要求：选用合适技术，对症用药，适时喷药，喷洒均匀度达到98%以上。

主要作业机具 背负式机动弥雾喷粉机、便携式高效宽幅远射程机动喷雾机、担架式高效宽幅远射程机动喷雾机和车载式高效宽幅远射程机动喷雾机。

三、香蕉采收机械化技术

技术定义 香蕉采收机械化技术是指使用香蕉无损采收及商品化处理机械设施，进行香蕉采收、运输、清洗、消毒、包装等工序的作业过程。

技术路线 无损采收→悬挂索道运输→落梳清洗→整修分级过磅→杀菌保鲜（喷药保鲜、浸药保鲜、风干）→包装（装箱、抽真空、包装）→冷藏运输（入保鲜库预冷、运销）

技术要求 大面积连片的蕉园可采用固定式机械化采收处理系统;规模小的园区可采用移动式机械化流水生产线,方便随时搬到田间地头作业。

主要作业机具 固定式和移动式香蕉无损采收及商品化处理机械化生产流水线。

玉米生产机械化技术

玉米生产机械化技术主要包括玉米种植和收获等生产环节的机械化技术。

一、玉米种植机械化技术

技术定义 玉米种植机械化技术是指用播种机械完成整地、开沟、播种、施肥、覆盖、镇压等作业过程的技术。

技术路线 ①春玉米：开沟→施肥→播种→覆土镇压→盖膜；②秋玉米：开沟→施肥→播种→覆土镇压

技术要求 播种均匀、深浅一致、行距稳定、覆土良好，单粒率≥85%，空穴率<5%，伤种率≤1.5%。

主要作业机具 2BMJ-2(3)型玉米免耕精量播种机。

二、玉米收获机械化技术

技术定义 玉米收获机械化技术是在玉米成熟时，使用机械完成玉米茎秆切割、摘穗、剥皮、脱粒、集穗、秸秆处理等作业过程的技术。

技术路线

(1)分段收获法，①割晒→摘穗→剥皮→脱粒→秸秆处理；②摘穗→剥皮→脱粒→秸秆处理。

(2)联合收获法，一次性完成玉米茎秆切割、摘穗、剥皮、脱粒、集穗、秸秆处理等项作业。

技术要求 ①籽粒损失率≤2.0%。②果穗损失率≤5.0%(不可收获的倒伏植株造成的果穗损失不计)。③籽粒破损率≤1.0%。④苞叶剥净率≥85%。⑤留茬高度≤110mm。⑥还田秸秆粉(切)碎长度为≤100mm。⑦穗茎兼收茎秆切段长度合格率≥80%。⑧果穗、籽粒和穗茎兼收茎秆无油污染。

主要作业机具 牵引式机型、背负式机型、自走式机型和玉米割台式机型。

马铃薯生产机械化技术

马铃薯生产机械化技术主要包括马铃薯种植和收获等生产环节的机械化技术。

一、马铃薯种植机械化技术

技术定义 马铃薯种植机械化技术是指采用机械来完成种植过程中的起垄、开沟(挖坑)、施肥、下种、覆土等作业过程的技术。

技术路线

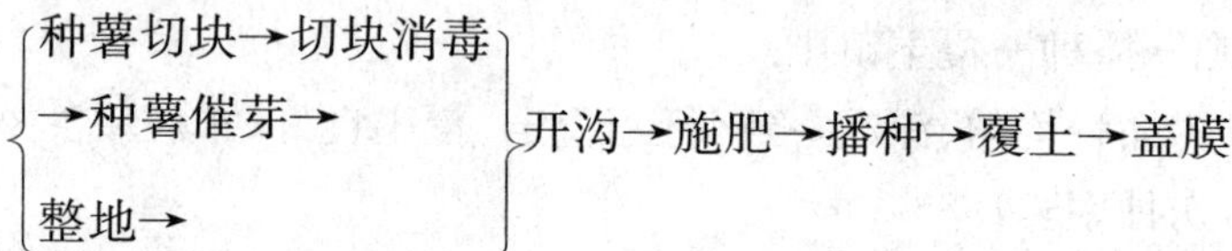

技术要求 ①整地:耕透、耙细、整平,整地后土垡最大直径≤50mm,清除杂草、石块,达到土层虚实并存、地平土细的状态。②播种期:适时种植是马铃薯取得高产的重要环节,根据马铃薯生长对气温的要求和广西气候特点,广西马铃薯应在10月初至11月中旬(晚稻收获后)为适时种植期。适宜的气温环境是保障全苗、实现高产的基本条件。③机械种植:行距250～300mm,株距250～300mm,播种深度70～100mm,重、漏播率小于4%。

主要作业机具 广西常用机型是2MB-1/2型和2CM-2型,为垄作机型,排种形式为勺链式。

二、马铃薯收获机械化技术

技术定义 马铃薯收获机械化技术是指在马铃薯成熟后,用机械挖掘、清选、输送等作业过程的技术。

技术路线 除秧→全幅挖掘→输送清选→地面摆放→人工收集→分选装袋

技术要求 ①收获前10天左右先割秧扎秧或药剂杀秧,使薯皮老化,减少收获时的破损。②根据收获机大小,合理配备随机收获作业的捡薯人员。③挖掘深度的调整要适度。④根据土壤的质地和含水量,调整好分离筛链条震动幅度以保证筛土干净。⑤工作中应随时注意控制拖拉机保持处于垄的中线行驶,防止拖拉机走偏、车轮走上垄台、碾压薯块,或起半垄的情况发生。⑥作业中要注意观察挖掘深度变化,随时调整校正,保证机

器正常、平稳作业。⑦机械收获要求起净率大于97%，明薯率大于97%，损失率小于3%。

主要作业机具 可分为大、中、小型收获机。小型收获机作业一次完成一行(垄)，配套动力一般在25kW左右。大中型收获机一次可完成两行(垄)，配套动力在30～50kW。因种植田块小、不连片，广西主要是以小型为主，属于半机械化收获模式。

木薯生产机械化技术

木薯生产机械化技术主要包括木薯种植、收获和秸秆粉碎还田等生产环节的机械化技术。

一、木薯种植机械化技术

技术定义 木薯种植机械化技术是指使用机械进行开行(沟)、施肥,切种、消毒、摆种,覆土、压土、盖膜等工序的作业过程。

技术路线 ①平作种植:开沟→送种→切种→消毒→下种→施肥→覆土→盖膜。②垄作种植:开沟→送种→切种→消毒→下种→施肥→覆土起垄→盖膜

技术要求 ①开沟深度:10～20cm。②行距:80～100cm;株距:60～80cm;垄宽80～100cm;垄高15～20cm。③亩播种量:800～1000株/亩。④种茎切段长度:13.0～20.0cm,每段5～11个芽。⑤伤芽率:≤7%,发芽率≥90%。⑥覆土厚度:5～10cm。

主要作业机具 2BMSU－2S型、2BMSU－2R型木薯种植机,2CMS－2型木薯联合种植机。

二、木薯收获机械化技术

技术定义 木薯收获机械化技术是指采用机械将生长在土壤中的木薯块茎挖起,使之与泥土分离的作业过程。

技术路线 铲土→震松破垡→起薯→过筛输送→归行摆放

技术要求 ①收获前,将木薯秸秆在距离地面约10cm处砍掉并搬走,机具才能进场作业。②铲刀入土深度一般要求在25～30cm,过深会增加作业负荷、影响木薯与泥土分离,容易造成机器变形损坏;过浅容易造成铲刀铲断木薯,损失率增加。③木薯的漏收率小于4%。

主要作业机具 4UM－160型、4U－160型木薯收获机,4UMS－1800型双行翼铲式和4UMS－900型单行平铲式木薯收获机。

三、木薯秸秆粉碎还田机械化技术

技术定义 木薯秸秆粉碎还田机械化技术是指使用机械将木薯秸秆进行粉碎成碎块状并还田的作业过程。

技术路线 砍伐→归堆→喂入→粉碎→摊开(集中堆沤)还田

技术要求 破芽率≥96%；碎块长度≤5cm。

主要作业机具 1JHM-45型、1JHM-40S型、1JHM-62Q型、1JHM-70Z型木薯秸秆粉碎还田机。

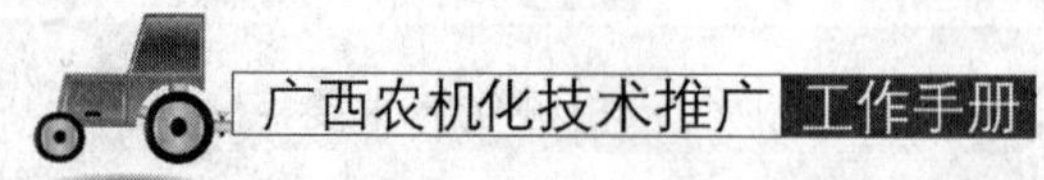

花生生产机械化技术

花生生产机械化技术主要包括花生种植和收获等生产环节的机械化技术。

一、花生种植机械化技术

技术定义 花生种植机械化技术是指在花生种植过程中使用机械一次性完成筑垄、开沟、施肥、播种、覆土、镇压、喷洒除草剂、覆膜等生产过程的技术。

技术路线 筑垄→开沟→施肥→播种→覆土→镇压→喷洒除草剂→覆膜

技术要求 ①机播要求双粒率在75%以上,穴粒合格率在95%以上,空穴率不大于1%。②机械播种为穴播,大花生每亩8 000～10 000穴,小花生每亩10 000～12 000穴为宜,每穴2粒。③播种深度在5cm左右,播种较早、地温较低或土壤湿度大的地块,可适当浅播,最浅不小于3cm;反之,可适当加深,不超过6cm。④选用宽度适宜、不破损、抗拉强度高的优质地膜。

主要作业机具 小型单体花生播种机、多功能花生播种机、大型花生播种机。

二、花生收获机械化技术

技术定义 花生收获机械化技术是指在花生收获过程中使用机械完成挖掘、泥土分离、铺条、摘果、分离清选、装袋等生产过程的技术。

技术路线 ①分段收获:挖掘→分离泥土→铺条晾晒→拣拾摘果→分离清选。②联合收获:挖掘→输送→抖土→摘果→分离清选→装袋(箱)

技术要求

(1)分段收获:①收获(挖掘)作业质量要求:埋果率≤2.5%;含土率<5.0%;荚果破碎率<1.0%;地面落果率<4.0%。②机械摘果作业质量要求:摘净率>96.0%;破碎率<3.0%;清洁度>96.0%。

(2)联合收获:花生联合收获作业损失率≤3%;洁净率≥95%;破碎率≤1%。

主要作业机具

(1)分段式收获机械:①花生挖掘犁和花生收获(挖掘)机;②花生摘果机;③花生脱壳机。

(2)联合式收获机械。

茶叶生产机械化技术

茶叶生产机械化技术主要包括茶园管理和茶叶加工等生产环节的机械化技术。

一、茶园管理机械化技术

技术定义 茶园管理机械化技术是指在茶园管理过程中利用各类先进、实用机械实施耕作、中耕施肥、植保、节水灌溉、修剪、采收等生产过程的技术。

技术路线 耕作→中耕施肥→植保→节水灌溉→修剪→采收

技术要求

(1)耕作:①按照农艺要求,适时、适墒深挖、深翻或深松。②深挖、深翻或深松作业深浅一致。③深翻、深挖土垡翻盖一致,地表基本平整,地头起落整齐。④无漏挖(翻、松)现象,不损伤茶树。

(2)中耕施肥:①化肥深施应达到规定的深度,不漏耕,除草干净,彻底切断杂草根系。②耕后地表平整,尽量接近茶树根部,以扩大中耕除草面积,不伤茶树。③根据农艺要求在适宜的农时和墒情下进行施肥作业。④施肥量准确,与规定施肥量误差不超过±5%。播肥均匀,行间施肥量误差不超过±5%。掩土覆盖严密,无漏施、重施现象。

(3)植保:①选择高效、低毒、低残留农药,合理混配,掌握有利时机,适时喷药。②用药量准确,实际喷药量与规定喷药量误差不超过±3%。喷洒水剂时,药剂与水混合的误差不超过±5‰,与规定喷药量误差不超过±3%。③药剂喷洒(撒)均匀,雾化良好,不得有水滴或水柱,喷出的粉剂不得有团粒,药剂应很好地附着在茶树茎叶上。④喷药高度必须适应茶园病虫害防治的需要,靶标的药剂沉积量高,雾量分布均匀,飘移少。

(4)节水灌溉:①茶园节水灌溉以微喷、滴灌为主。②微喷雾化应满足茶树要求,喷洒均匀,不得漏喷和产生地表径流,以保证土壤含水量和空气湿度。③应有可靠的水源,机组和管路配套合理。④管网不得有漏渗水现象。

(5)修剪:①应按农艺要求,在适期内分别进行轻修剪、深修剪、中修剪、重修剪、台刈和修边作业。②各类修剪高度应分别达到农艺要求,与规定的修剪尺寸基本一致。③修剪后经人工辅助整理，使树冠整齐，树高基本一致，等高茶行高度误差在±10cm/50m，顺坡茶行高度误差在±15cm/50m。④修剪切口平整，无拉断撕裂现象。

（6）采收：①采摘面整齐，高度一致。②切口平整，被采茶树无拉撕现象。③不重采，不漏采。

主要作业机具 ①茶园中耕机；②茶园施肥机；③茶园开沟机；④茶园培土覆土机；⑤茶园植保机械；⑥采茶机；⑦自走式茶叶智能采摘机。

二、茶叶加工机械化技术

技术定义 茶叶加工机械化技术是指在茶叶加工过程中利用各类先进、实用机械提高绿茶、红茶、黑茶等品种的茶叶加工工艺过程的技术。

技术路线 ①绿茶：摊青→杀青→揉捻→解块→烘干（炒干）→风选；②红茶：萎凋→揉捻→解块→发酵→烘干→分级（色选）

主要作业机具 6CXT－60型茶鲜叶脱水机，6CXF－70型茶鲜叶分级机，6CZ.100型名茶蒸汽杀青机，6CST－40、50、50A型名茶滚筒杀青机，6CSF.80、100型茶叶高效热风杀青机，6CR－25型名茶揉捻机，6CH－3型名茶自动烘干机，6CHB.4、6型名茶手拉式百页烘干机，6CTM－80型名茶脱毫磨光机，6CQL－3型气流式理条组合机，6CLD－40、60、80型名茶多用机，6CCB.60型扁茶成形机，6CCQ.50型名茶双锅曲毫炒干机，6CHP－5、1 0型碧螺春茶烘焙机，6CHT－20、60型名优茶烘焙提香机，6CSH－50、65、70、80型茶叶杀青烘干联用机。

水产养殖机械化技术

水产养殖机械化技术主要包括水产养殖增氧、饲料投饵、水质监控和清淤等生产环节的机械化技术。

一、水产养殖增氧机械化技术

技术定义 水产养殖增氧机械化技术是指通过电动机或柴油机等动力源驱动工作部件，通过能量的转化，促进水体对流交换速度，将空气中的"氧"融入到养殖水体中的作业过程。

技术路线 根据养殖情况及天气→确定开机次数及时间长短

技术要求 ①根据水深、面积和池形来确定增氧机类型和负荷。长方形池以水车式为宜，而正方形或圆形池则以叶轮式为宜。②增氧机应安装于池塘中央或偏上风的位置，距离池堤 5m 以上，并用插杆或抛锚固定。③晴天在下午 2～3 时开机一次，晴天傍晚一般不开机；阴雨天应在凌晨开机，连绵阴雨天则在半夜开机，直至日出停机，而在白天一般不开机。

主要作业机具 叶轮式、水车式微孔曝气增氧机、耕水机。

二、水产养殖饲料投饵机械化技术

技术定义 水产养殖饲料投饵机械化技术是指采用饲料投饵机械适时适量向养殖池塘水面抛撒喂养饵料的作业过程。

技术路线 设定投饵量及投喂次数→机械喇叭发出声响（约 20s/声）→饲料间隔反复式抛撒（投喂频率 4～6 次/天）

技术要求 投喂饲料不能过量，每天的投喂时间掌握在早上 9 点到 9 点半，下午 4 点到 4 点半，投饵机的投料要均匀，投饵间隔时间要均匀等。

主要作业机具 ①使用电压 220V 的投饵机，广泛适用于池塘、水库养殖，是目前普遍使用的；②不用动力的小型投饵机，适用于面积较小的网箱和工厂化养殖；③使用电瓶直流电供电，适合电源不方便的边远零星鱼塘。

三、水产养殖水质监控机械化技术

技术定义 水产养殖水质监控机械化技术是指通过监控手段监测养殖水域的水质及其变化状况，实现对不同目标环境的水质进行多参数、实时、定时采集，大屏幕显示、自动报警、图表分析和远程数据传输，掌握养殖水质环境信息，及时获取异常报警信息及水质预警信息，并根据水环境性状变化自动启动调水设备对水质进行控制的技术。

技术路线

对溶氧、氨氮和 pH 值等指标实时监测记录→数据自动分析→远程数据传输$\xrightarrow{\text{有异常}}$自动报警到监测中心→用户通过互联网查阅监测数据→根据报警情况自动启动控制调水设备

技术要求 ①24h 不间断实时监测。②多种水质参数实时监测。③对养殖环境进行远程监测。④通过短信、中心控制机软件等方式自动报警。⑤管理、分析和统计监测数据，定期生成监测报表。⑥通过互联网浏览实时监测数据和监测报表。⑦通过互联网、手机短信等方式远程控制终端设备，根据设定的时间、条件或用户指令控制输氧设备或水温调节装置等调水设备。

主要作业机具 有普及型水产养殖水质远程/无线监控系统、水产养殖水质在线自动监测系统、水产工厂化养殖智能监控系统、集约化水产养殖水质在线监控系统等四种。

四、水产养殖清淤机械化技术

技术定义 水产养殖清淤机械化技术是指采用柴油机或电动机作为动力，带动专业清淤机具将养殖池塘沉积的底泥通过挖掘（或高压水冲稀）、吸纳等方式进行全面的清理、输送转运的作业过程。

技术路线 水泵产生高压水流→喷水枪喷射高压水流→切割粉碎泥层→泥浆泵汲取→管道输送

技术要求 ①清除池底淤泥或泥浆，冲水压力一般为 3.5kg/cm^2；②清除原状黄土，需要 5 kg/cm^2 的冲水压力；③清除紧实黏土或原状细沙土，需要>5kg/cm^2 的冲水压力。

主要作业机具 水力挖塘机组、多功能清淤机动船。

节本增效机械化技术

节本增效机械化技术主要包括节水灌溉和化肥深施机械化技术。

一、节水灌溉机械化技术

技术定义 节水灌溉机械化技术主要指通过合理配套与运用灌溉机械设备将灌溉水以较快速度输送至作物根层土壤，达到作物合理需水量、输送速度和土壤渗吸速度，减少水量损失的各种机械化灌溉技术，分为喷灌和滴灌两大类。

技术路线 水源→过滤系统→底阀→进水管→电动机或柴油机带动水泵加压→施肥装置→过滤系统→主管道→支管道→旁管→喷头→滴管

主要技术指标 ①灌溉水有效利用率；②灌溉水储存率；③灌水均匀度。三项评价灌水质量的指标，必须同时使用才能较全面地分析和评价某种灌水技术的灌水效果。

主要作业机具 ①喷灌，分为管道式喷灌系统和机组式喷灌系统两种；②微喷，由首部枢纽、管网、喷洒装置和控制装置组成。

二、化肥深施机械化技术

技术定义 化肥深施机械化技术是指使用深施机具按作物农艺要求的品种、数量、施肥部位和深度适时将化肥均匀地施于土壤中的施肥方法，是一项实用集成技术。

技术路线 ①旱地深施：开沟→排肥→覆土；②水田深施：撒施→旋耕→平整

技术要求 ①具有可调节施肥量的装置，排肥条均匀度：碳酸氢铵为20%～30%；尿素等颗粒状肥为20%～25%，其中，底肥深施均匀性变异系数≤60%；播种深施排肥均匀性变异系数≤40%；中耕深追施均匀性变异系数≤40%。②排肥断条率或漏施率＜3%。③化肥的土壤覆盖率≥95%，种肥、追肥作业要保证镇压密实。④各行排肥量一致性变异系数均应≤13%，施肥位置准确率≥70%。⑤中耕追肥深施作业作物损伤率＜3%。⑥各种化肥深施机具的使用可靠性系数≥90%。

主要作业机具 3ZF－4.2型中耕施肥机、3ZFX－4型中耕施肥机、2UPD－2型水田尿素点深施机；手动机型有：2BF－1D型旱田化肥深施器、2F－90型化肥深施器、LYJ系列追肥枪等。

农产品加工机械化技术

农产品加工机械化技术主要包括果蔬冷藏保鲜、果蔬烘干和中小型组合精米加工等生产环节的机械化技术。

一、果蔬冷藏保鲜机械化技术

技术定义 果蔬冷藏保鲜机械化技术是指利用机械制冷设备创造一个低温环境条件(冷库),使置于低温环境中的果蔬通过空气介质传递并带走热量,降低果温,达到延长保鲜期目的的作业过程。

技术路线 鲜果(蔬菜)采收→修剪整理→消毒灭菌(防腐)→分级包装→预冷→冷藏保鲜→销售

技术要求 可根据不同果蔬品种的要求,对库内温度、湿度和气体进行调控,提供最佳贮藏保鲜条件。

主要作业机具 按产品贮藏温度不同分类可分为高温库(0℃左右)和低温库(−18℃左右)两类,高温库一般用于果蔬冷藏,低温库用于速冻果蔬和肉制品低温冻藏。

二、果蔬烘干机械化技术

技术定义 果蔬烘干机械化技术是以机械为主要手段,采用相应的工艺和技术措施,人为地控制温度、湿度等因素,在不损害果蔬质量的前提下,使果蔬含水率和品质达到国家安全贮存标准的作业过程。

技术路线 ①龙眼、荔枝烘干:剪果→进仓→烘干→出仓→分级→包装

②荔枝低温真空干燥:原料→清洗→初处理→初焙→回湿→复焙→回湿→复焙→包装

③荔枝果肉冷冻干燥:新鲜荔枝→冷藏→挑选→清洗→消毒→去壳→脱核→护色→预冷→预冻→真空冷冻干燥(升华干燥)→整理→杀菌→包装→入库

④八角烘干:分级→进仓→点火开机→杀青→烘干→出仓→分级→包装

⑤茄子烘干:洗涤→切片→烫漂→除去多余水→分装盘→烘干→分拣→包装→成品

技术要求 ①根据果蔬种类选用适用机型。②大宗的龙眼、荔枝、八角烘干加工，应选择生产率高的大型干燥机型，小规模的烘干加工可选用小型多层多用干燥机型。③干燥机的容量应与生产规模相适应。

主要作业机具 5H-7 型多层多用小型移动式烘干机、5HFS-6 型双层气流换向式烘干机、5HX 系列平烘床方烘箱间歇批式烘干机、5HS 系列隧道窑双层输送带连续式烘干机、5HD-A(B)型多物料烘干机和 GR6 型蒸气烘干设备等。

三、中小型组合精米加工机械化技术

技术定义：中小型组合精米加工机械化技术是指将干燥的稻谷首先用砻谷方法把谷粒脱壳加工成糙米，然后用碾磨方法将糙米加工成精米的作业过程。

技术路线：筛选去杂→砻谷→谷糙分离→碾磨→去石→成品大米→包装

技术要求：①出米率：籼稻＞68%，粳稻＞70%。②碎米率＜3%。③含砂率＜0.1%。

主要作业机具：NZJ-10/8.5 型、NZJ-15/15 型、XGL-15A 型和 6L-15A型组合米机，MML50-70 型成套组合米机，MLPN15 型、NZJ15/15-F 型和 CTNM18 型成套碾米设备等。